KB057676

헬리콥터 조종 교과서

ZUKAI HELICOPTER

How to Fly a Helicopter

헬리콥터 조종 교과서

스즈키 히데오 지음 | **김정환** 옮김

보누스

머리말

인류는 창공을 나는 새를 바라보면서 자신들도 대지의 속박을 떨쳐내고 자유롭게 날아가는 모습을 꿈꿔왔다. 독일의 시인 괴테(1749~1832년)는 오래전부터 인류가 품어온 이 꿈을 이렇게 표현하기도 했다.

"오, 나한테 날개가 있다면 대지를 박차고 날아올라 언제까지나 태양을 좇아갈 수 있으련만!"

많은 사람이 비행이라는 꿈을 실현하려고 다양한 형태의 비행기를 설계·제작해왔다. 처음에는 새 모양이나 움직임을 흉내 내는 방법으로 비행을 시도한 선구자가 많았다. 이를테면 중세에는 타워 점퍼라고 불린 사람들이 손으로 만든 날개를 달고 높은 탑 위에서 뛰어내리는 실험을 거듭했다.

하늘을 난다는 일은 결코 쉽지 않았다. 이 꿈을 이루기까지 오랜 세월에 걸친 노력과 고심과 희생이 필요했다. 허공에서 물체를 떠받치기에는 공기 밀도가 매우 희박하다는 사실을 이해하지 못했기 때문이다. 인류는 18세기 말이 돼서야 비로소 이를 이해하고 공중에 뜰 방법을 찾아냈다. 오토 릴리엔탈(1848~1896년)이 글라이더를 설계·제작해 2,000회가 넘는 비행 실험을 실시했으며, 1903년 12월 17일에는 라이트 형제가 인류 사상 최초의 동력 비행에 성공했다.

이 책에서 소개하는 헬리콥터(회전익기)도 비행기(고정익기)와 함께 일찍부터 구상됐다. 르네상스 시대에 레오나르도 다빈치(1452~1519년)는 헬리콥터 스케치를 남겼으며, 라이트 형제의 첫 동력 비행 성공 이후 4년 후인 1907년에는 헬리콥터도 첫 비행에 성공했다.

물론 고정익기가 첫 비행에 성공한 이후 실용화되기까지 10년 정도 걸렸던 데 비해, 헬리콥터 실용화에는 30년이 걸렸다. 제트기가 등장하려던 시기였다. 이것은 회전 날개의 공기역학을 해명하기가 매우 어려웠기 때문이다. 또한 복잡한 공기역학에 대응할 수 있는 메커니즘과 조종법을 개발하는 것도 고정익기와는 비교도 안 될 만큼 어려운 일이었다.

쉽지만은 않았지만 일단 실용화에 성공한 뒤로는 오늘날까지 눈부신 발전을 거듭했다. 지금은 제트 엔진이 당연해졌고, 속도와 도달 고도는 이론적인 한계에 근접했다. 출력도 강해져서 수십 톤(t)에 이르는 사람과 화물을 실을 수 있을 정도다. 또한 복합 재료를 다수 사용한 기체는 점점 가벼워지고 있을 뿐만 아니라 튼튼해지고 있다.

2018년 현재 세계에서 상업용 헬리콥터를 가장 많이 보유한 나라는 미국으로 9,393기가 있다. 그다음은 캐나다로 2,370기이며, 3위는 호주로 1,971기다. 이처럼 각국에서 헬리콥터는 보도와 수송, 재난 구조, 범죄 조사, 관광 등 다양한 분야에서 활용되고 있다. 그러나 헬리콥터의 메커니즘이나 조종 방법은 고정익기에 비해 그다지 잘 알려지지 않다는 느낌이 든다. 이 점이 《헬리콥터 조종 교과서》를 집필하기로 결심한 이유다.

이 책에서는 독자 여러분을 먼저 헬리콥터의 콕핏(조종석)으로 안내해 조종 방법을 설명할 것이다. 조종간 2개를 어떻게 조작하는지 평소 궁금했던 모든 것을 알게 될 것이다.

다음에는 헬리콥터에 적용되는 공기역학을 소개하고, 공기역학에 대응하는 메인 로터의 움직임과 그런 움직임을 가능케 하는 메커니즘을 설명하려 한다. 고정익기의 보조날개, 승강키, 방향키 등에 비해 움직임이 훨씬 복잡한 메인 로터의 운동과 컨트롤 시스템을 설명할 것이다. 또한 조종간과 로터의 연결 구조 같은 시스템, 엔진·연료 계통, 나아가 기체 구조도 소개한다. 헬리콥터에도 다양한 유형이 있음을 사진과 함께 설명하고자 한다.

마지막에는 헬리콥터 이용 현황도 다뤘다. 앞서 말했듯 헬리콥터는 다양한 분야에서 활약하고 있지만, 헬리콥터를 효과적으로 활용하는 시스템을 갖추고 있다고는 말하기 어렵다. 헬리콥터를 좀 더 효율적으로 이용하려는 여러 시도를 살펴본다.

이 책을 읽은 독자 여러분이 헬리콥터를 좀 더 친근하게 느끼고 관심을 가진다면 저자로서 매우 기쁠 것이다. 이 책을 집필하는 데 기꺼이 자료를 제공해주고 힘써주신 많은 분들께 깊은 감사의 마음을 전한다.

차 례

머리말 4

제 1 장 헬리콥터 조종의 구조

콕핏의 내부 12

계기판의 구성 12 | 레버와 페달 17

이륙에 대하여 18

통상 이륙 18 | 활주 이륙 19 | 최대 성능 이륙 21

선회 비행을 하는 법 23

호버링 중의 선회 23 | 전진 비행 중의 선회 24

호버링을 하는 방법 25

수평 방향의 제어 25 | 수직 방향의 제어 25 | 기수 방향의 제어 26
지면 효과 26

진입과 착륙을 하는 방법 28

통상 진입 28 | 급각도 진입 29 | 활주 착륙 30

오토로테이션 31

오토로테이션 착륙 32 | 데드맨즈 커브 33

제 2 장 헬리콥터 공기역학의 구조

양력은 왜 발생하는가? 36

연속의 법칙 36 | 베르누이의 정리 38 | 받음각과 실속 39

저항은 어떻게 발생하는가? 43
층류와 반류 43 | 유선형 44 | 경계층 44 | 층류 경계층 45
난류 경계층 46 | 경계층 박리 47 | 날개의 압력 분포와 압력 중심 49

날개골 51
NACA 계열 날개골 52 | 로터 블레이드 전용 날개골 53

날개의 평면 형상 55
회전 날개의 평면 형상 55 | 날개의 평면형에 따른 실속 방지 56

헬리콥터의 안정 58
안정의 종류 58 | 항공기의 세 축 60 | 메인 로터의 안정 61
호버링 중의 안정 62

제 3 장 헬리콥터 로터의 구조

블레이드의 개수와 크기 64
블레이드의 개수 64 | 로터의 지름 65 | 메인 로터의 구조 66
블레이드에 작용하는 세 가지 하중 67 | 전관절형 로터 67
반관절형 로터 69 | 무관절형 로터 70 | 무베어링형 로터 73

테일 로터 75
테일 로터의 배치 75 | 테일 로터의 구조 77 | 테일 로터의 형식 78

호버링할 때의 블레이드 운동 83
코닝 83 | 드래깅 85

전진 비행을 할 때의 블레이드 운동 86
플래핑 86 | 사이클릭 페더링 88 | 자이로스코픽 프리세션 88
코리올리 힘 90 | 드래깅의 진동 흡수 91

제 4 장 헬리콥터 시스템의 구조

조종 장치 96
메인 로터와 연결 96 | 테일 로터와 연결 100

헬리콥터의 비행계기 103
공합 계기 103 | 자이로스코프 계기 106

엔진 계기 110
엔진 토크계 110 | 엔진/로터 회전계 110 | 터빈 온도계 111
윤활유 압력계/연료 압력계 112

방진 장치 113
진동의 원인과 대책 113 | 블레이드 트래킹 113

에어컨 장치 116
난방 116 | 냉방 118

방화·소화 장치 119
화재 감지 장치 119 | 소화 장치 119

전기 장치 122
교류 발전기 122 | 스타터/발전기 122 | 조명 장치 124

제 5 장 헬리콥터 엔진 · 연료 계통의 구조

엔진 계통 128
가스터빈 엔진의 이점 128 | 가스터빈 엔진의 종류 128
가스터빈 엔진의 출력 130 | 터보샤프트 엔진의 구조 131

가스터빈 엔진의 구조 133
압축기 133 | 연소실 135 | 터빈 137

트랜스미션 142
트랜스미션의 역할 142 | 프리휠 클러치 142

연료 계통 145
연료의 종류 145 | 연료 탱크 145 | 연료 보급 147
연료량계 147 | 방화와 배수 148

윤활 계통 149
윤활유 149 | 트랜스미션의 냉각 149 | 엔진의 윤활 153

제 6 장 헬리콥터 기체의 구조

동체 구조 ―― 156

모노코크/세미모노코크 구조 156 | 트러스 구조 156

테일 유닛과 착륙 장치 ―― 159

테일 유닛 159 | 착륙 장치 161

금속 재료 ―― 163

알루미늄 합금 163 | 마그네슘 합금 165 | 티타늄 합금 166 | 강철 167

복합 재료 ―― 169

복합 재료란? 169 | 헬리콥터의 복합 재료 169

제 7 장 헬리콥터의 역사와 현재

헬리콥터의 역사 ―― 172

헬리콥터의 발명 172 | 헬리콥터의 실용화 173 | 제트 헬리콥터의 탄생 176

로터를 기준으로 한 분류 ―― 177

싱글 로터 177 | 트윈 로터 177

로터의 회전 방향을 기준으로 한 분류 ―― 182

감항류별 ―― 184

헬리콥터의 용도 ―― 186

세계의 헬리콥터 현황 186 | 닥터 헬기 187 | 여객 운송 188

헬리포트 ―― 190

헬리포트의 종류 190 | 헬리포트의 설치 기준 192

새로운 헬리포트 공간 193 | 해상 헬리포트 194

찾아보기 ―― 196

제 1 장

헬리콥터 조종의 구조

콕핏의 내부

먼저, 어지간해서는 볼 기회가 거의 없을 헬리콥터 콕핏(cockpit)으로 여러분을 안내하겠다. 그림 1-1은 몇몇 헬리콥터 기종의 콕핏이다. 헬리콥터도 비행기(고정익기)와 마찬가지로 조종석을 병렬로 배치한 기종이 많다. 다만 비행기는 기장석이 왼쪽, 부조종사석이 오른쪽인 데 비해 헬리콥터는 대부분 오른쪽이 기장석, 왼쪽이 부조종사석이다.

계기판의 구성 그림 1-1은 전형적인 헬리콥터 콕핏의 계기판이다. 중앙에는 엔진 관련 계기(토크계, 터빈 온도계, 회전계, 연료량계, 윤활유 온도계 등)가 있고, 오른쪽에는 기장용 비행계기(속도계, 고도계, 승강계, 정침의, 수평의) 왼쪽에는 부조종사용 계기가 있다. 최근에 개발된 헬리콥터에는 제트 여객기와 마찬가지로 각종 계기를 통합해 액정 화면에 표시하는 집합 계기가 있다.

기장석과 부조종사석 사이에는 센터 콘솔(컨트롤 스탠드)이 있으며, 이곳에는 어넌시에이터(annunciator. 표시등) 패널, 주스위치 패널, 무전기 · 항법 장치 관련 스위치 등이 있다.

콕핏의 천장에는 오버헤드 패널이 있으며, 이곳에는 주로 서킷 브레이커(전기 계통의 차단기)가 배치돼 있다. 참고로 엔진을 정지할 때는 스로틀 레버를 아이들(idle) 상태에 놓은 다음, 오버헤드 패널에 있는 디스인게이지 레버를 조작한다.

스로틀 레버는 파워 레버라고도 부르며, 연료 유량을 제어해 엔진 출력을 조절한다. 다만 미국의 헬기 제조사가 만드는 헬리콥터의 경우, 스로틀 레버

그림 1-1 헬리콥터 콕핏

(a) 대형 헬리콥터(AW 101)

(b) 중형 헬리콥터(BK 117)

(c) 소형 헬리콥터(슈바이처 330)

그림 1-2 헬리콥터의 전형적인 콕핏

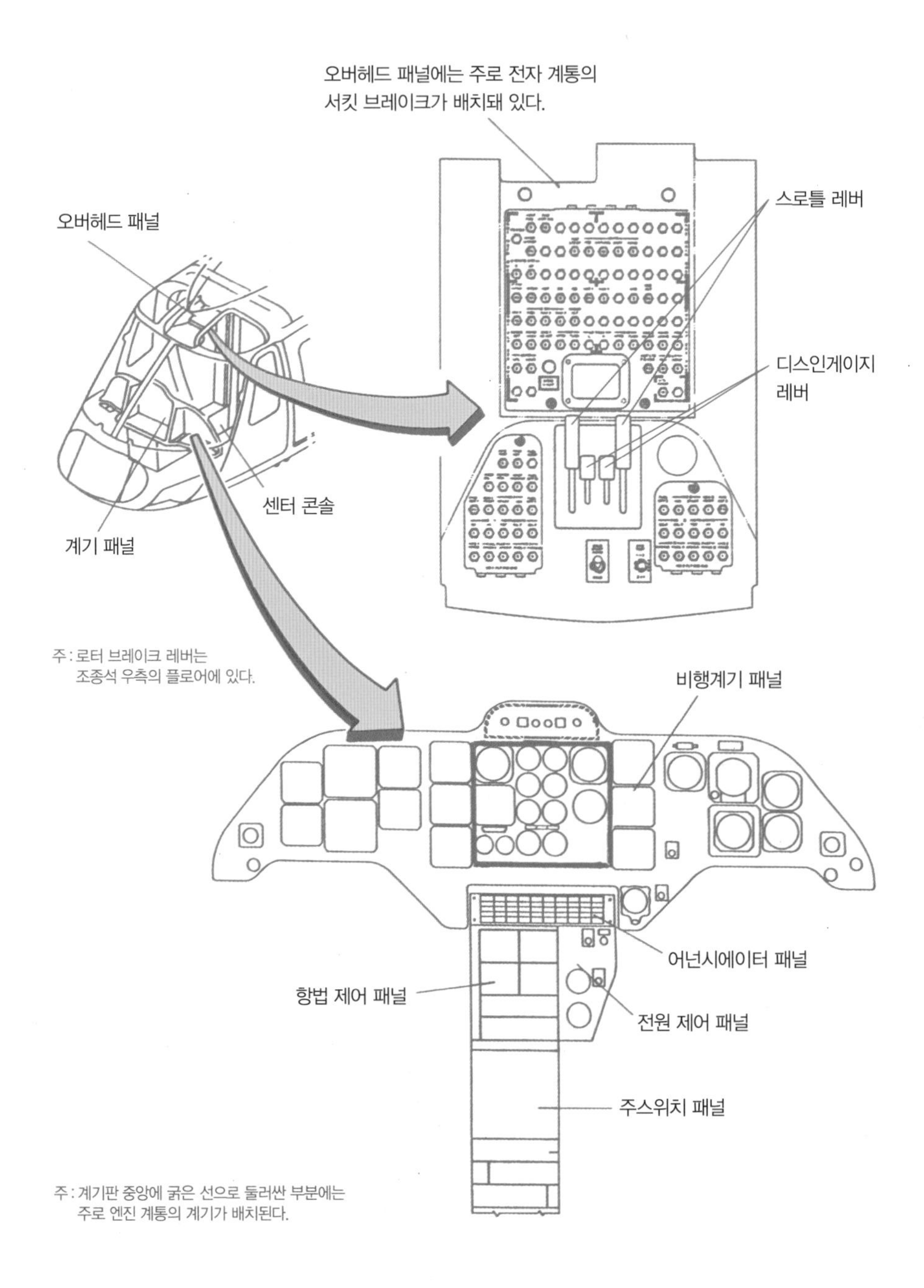

가 컬렉티브 피치 레버에 붙어 있다.

유럽에서 제작한 헬리콥터라면 그림 1-3과 같이 오버헤드 패널의 배치가 조금 다르다. 즉, 오버헤드 패널에 서킷 브레이커, 스로틀 레버와 함께 연료 차단 레버, 로터 브레이크 레버가 있다. 연료 차단 레버는 통상적인 엔진 정지나 화재가 발생했을 때 연료가 엔진으로 가지 않도록 차단한다. 그리고 로터 브레이크 레버는 엔진이 정지한 후에도 관성 때문에 한동안 계속 회전하는 메인 로터를 좀 더 일찍 정지시킨다. 물론 로터 브레이크는 실수로 비행 중에 조작하더라도 작동하지 않도록 만들어져 있다.

그림 1-3 유럽산 헬리콥터의 오버헤드 패널

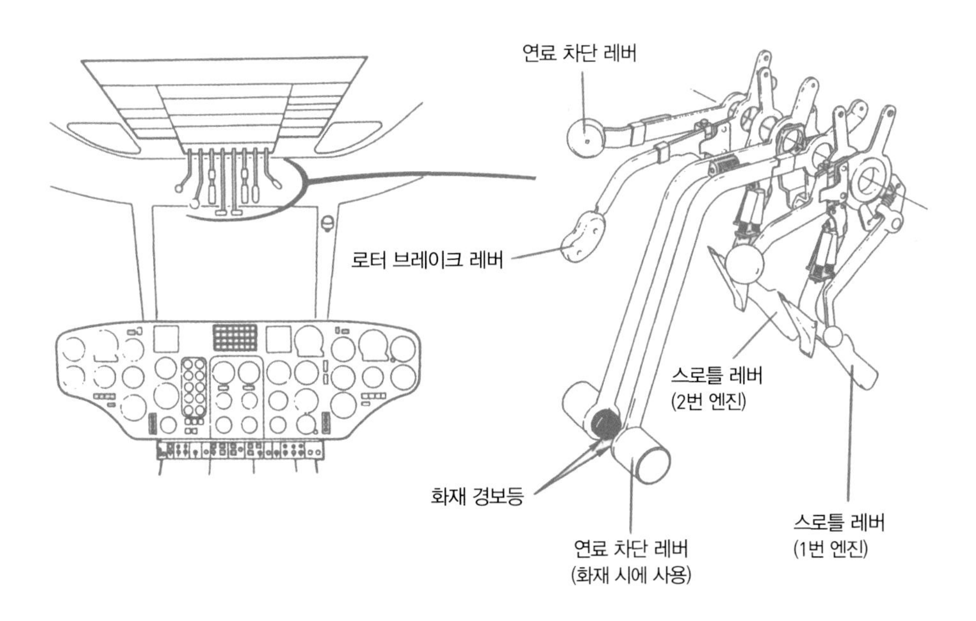

그림 1-4 헬리콥터의 조종간

사이클릭 피치 스틱(오른손으로 조작)

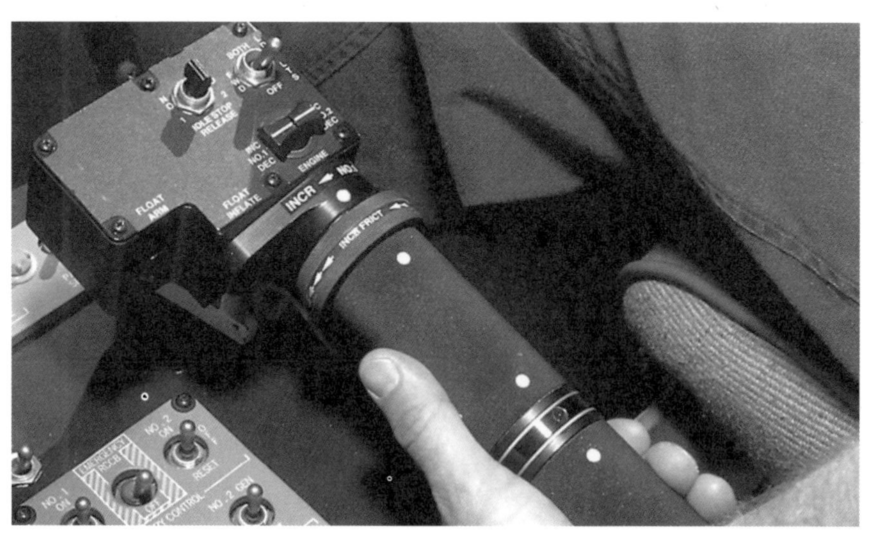

컬렉티브 피치 레버(왼손으로 조작)

레버와 페달

비행기의 조종륜(조종간)에 해당하는 것을 사이클릭 피치 스틱, 방향키 페달에 해당하는 것을 안티 토크 페달 또는 단순히 페달이라고 부른다.

또 조종석 왼쪽에는 헬리콥터 특유의 컬렉티브 피치 레버그림 1-4가 있다. 컬렉티브 피치 레버를 위로 당겨 올리면, 각 메인 로터 블레이드의 받음각(피치)이 커진다.(양력 증가) 한편 아래로 밀어 내리면 받음각이 작아진다.(양력 감소) 그림 1-5

미국의 대표 제조사인 벨사의 헬리콥터를 보면, 컬렉티브 피치 레버에 또 한 가지 역할이 있다. 연료 유량을 조절해서 엔진 출력을 높이거나 낮추는 것이다. 그림 1-3의 스로틀 레버에 해당하는 기능이다. 레버 끝에 있는 그립을 바깥쪽으로 돌리면 연료 유량이 증가해 엔진 회전이 빨라지고, 안쪽으로 돌리면 반대로 회전이 느려진다. 모터사이클의 핸들 그립과 유사한 기능이다.

그림 1-5 컬렉티브 피치 레버의 역할

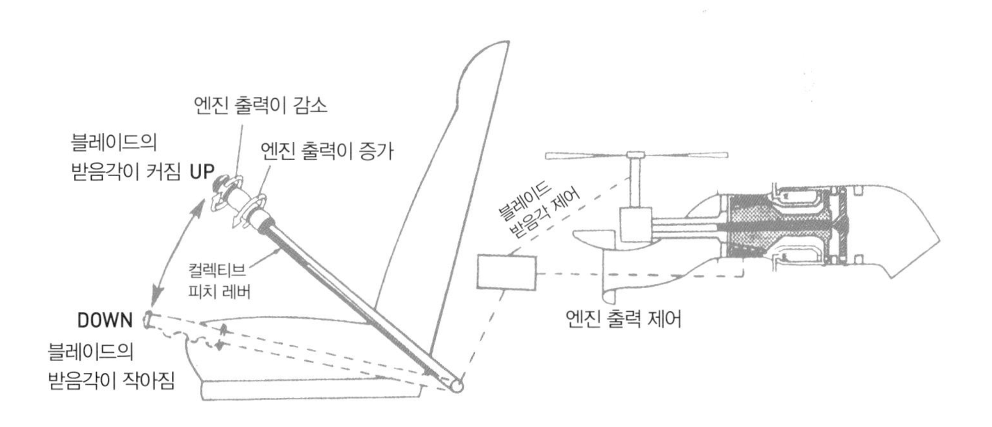

이륙에 대하여

헬리콥터 조종은 비행기에 비해 훨씬 까다롭다. 헬리콥터 파일럿을 지향하는 사람은 먼저 비행기 조종부터 시작해 어느 정도 숙달이 됐을 때 비로소 헬리콥터에 도전한다.

또한 헬리콥터 조종 방법은 제조사에 따라 약간씩 차이가 있다. 여기에서는 특별히 언급하지 않는 이상 미국 벨사의 헬리콥터를 기준으로 설명할 것이다. 즉, 메인 로터가 반시계 방향으로 회전하고, 스로틀 레버가 컬렉티브 피치 레버의 끝에 있다.

그러면 이제 조종석에 앉아서 비행을 시작하자. 헬리콥터도 비행기와 마찬가지로 바람이 불어오는 쪽을 향해서 이륙한다. 먼저 사이클릭 피치 스틱을 중립(또는 이륙 위치)에 놓고 컬렉티브 피치 레버를 가장 낮은 위치에 둬서 로터 블레이드의 피치각을 최소로 만들어놓는다. 다음에는 컬렉티브 피치 레버의 끝에 있는 스로틀 그립을 바깥쪽으로 돌려서 엔진 출력을 최대로 높인 다음, 레버를 서서히 당겨 올린다. 그러면 메인 로터의 각 블레이드의 받음각이 커져서 양력이 발생하고, 헬리콥터가 공중으로 떠오른다. 이륙에는 통상 이륙과 활주 이륙, 최대 성능 이륙이 있다.

통상 이륙 헬리콥터를 이륙시킬 때는 대부분 다음과 같은 이륙 방식그림 1-6을 사용한다.

① 지면으로부터 수직으로 1~1.5미터 정도 떠오른 다음 그 위치에서 멈춘다.(호

버링)

② 사이클릭 피치 스틱을 살짝 앞으로 기울여서 전진 속도를 낸다. 그 후 헬리콥터가 아래로 가라앉을 것 같으면 컬렉티브 피치 레버를 살짝 당겨 올려서 양력을 키우고, 그와 동시에 메인 로터의 토크 때문에 생기는 편향을 방지하기 위해 왼쪽 페달을 살짝 밟는다.

③ 속도가 붙으면 기수를 올려 상승 비행으로 이행한다.

④ 어느 정도 일정 속도에 이르면 방향이 안정되므로 밟고 있던 왼쪽 페달에서 힘을 뺀다.

활주 이륙 엔진의 최대 출력은 정해져 있으므로 탑승 인원이나 탑재 화물이 많아서 헬리콥터가 무거워지면 호버링을 할 수 없다. 기온이나 습도가 높거나 이륙하는 장소의 표고가 높으면 공기 밀도가 낮아서 엔진의 최대 출

그림 1-6 일반적인 헬리콥터 이륙 방법

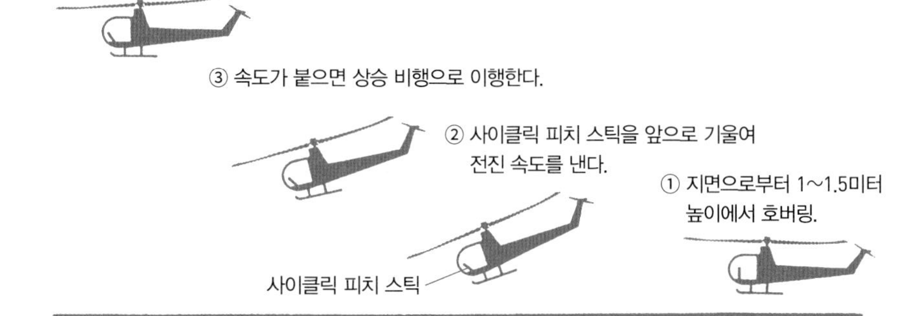

력이 감소한다. 이럴 때 사용하는 이륙 방법이 활주 이륙이다. 그림 1-7

① 엔진 출력을 최대로 높인다.

② 사이클릭 피치 스틱을 호버링 상태일 때보다 조금 더 앞으로 기울이고, 컬렉티브 피치 레버를 천천히 올려서 전진 활주에 들어간다. 이러면 헬리콥터는 지면 위를 아슬아슬하게 전진한다. 페달을 밟아서 기수가 정면을 향하게 한다.

③ 헬리콥터를 가속시켜 속도가 시속 24킬로미터 정도(기종에 따라 다름)에 이르면 전이 양력(translational lift)을 얻을 수 있으므로 상승 비행으로 이행한다.

전이 양력이란 메인 로터의 효율이 증대돼 양력이 증가하는 현상을 말한다. 비행 속도가 빨라지면 메인 로터를 통과하는 공기 유량이 증가하므로 호버링을 할 때보다 양력이 커진다. 전이 양력은 대기(對氣) 속도(대기에 대한 항공기의 상대 속도-옮긴이)가 시속 24킬로미터(초속 6.7미터) 이상일 때 얻을 수 있으므로 맞바람이 강할수록 양력이 커진다. 그래서 헬리콥터도 비행기와 마찬가지로 바람이 불어오는 방향을 향해서 이륙한다. 호버링 중에도 맞바람이

그림 1-7 활주 이륙의 순서

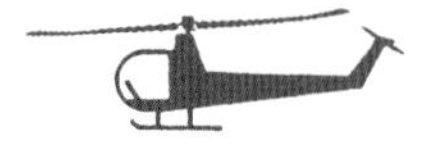

시속 24킬로미터 이상이면 당연히 전이 양력을 얻을 수 있다.

다만 활주 이륙을 하려면 지면이 평평해야 하며 충분한 거리가 필요하다. 또 이륙·상승 경로에 높은 장애물이 없어야 한다. 장애물이 있다면 다음에 설명할 최대 성능 이륙을 실시한다.

최대 성능 이륙 날아오르려고 하는 방향에 나무나 빌딩 같은 장애물이 있을 때 사용하는 이륙법이다. 그림 1-8 이 방법을 실시하려면 기온, 속도, 헬리포트의 표고 등 이륙 조건을 사전에 숙지해놓아야 한다. 최적 조건은 기온이 낮고, 맞바람이 강하며, 헬리포트의 표고가 낮을 때다.

① 헬리콥터 기수를 바람이 불어오는 방향으로 향하게 하고, 사이클릭 피치 스틱

그림 1-8 최대 성능 이륙의 순서

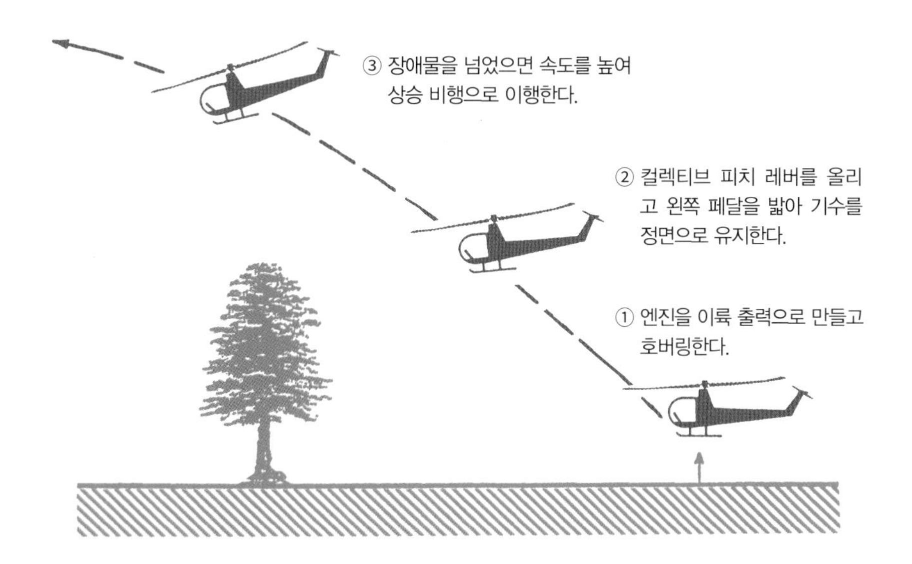

을 중립 위치로 유지하면서(즉, 헬리콥터의 자세를 기울이지 않으면서) 엔진 출력을 이륙 회전수로 만든다. 이륙 회전수는 피스톤 엔진의 경우 흡기 압력, 터빈 엔진의 경우 엔진 토크계와 터빈 온도계로 판단한다.

흡기 압력은 엔진 흡기관 내의 정압(靜壓)을 절대 압력(진공에서 이론적으로 얻을 수 있는 압력을 0으로 놓은 압력)으로 나타낸 값이며, 엔진 마력의 기준이 된다.

최대 출력을 초과했거나 최대 출력을 유지하는 시간이 길어지면 엔진에 과도한 부하가 걸려 피스톤 엔진의 경우 실린더, 가스터빈 엔진의 경우 터빈이 불에 타서 망가질 수 있으니 주의한다.

② 컬렉티브 피치 레버를 단숨에 당겨 올려 메인 로터 블레이드의 피치를 최대로 만든다. 동시에 왼쪽 페달을 밟아 기수를 정면으로 유지하면서 조금씩 고도를 높인다.

③ 엔진 출력을 최고로 높이고, 눈앞의 장애물을 넘었으면 서서히 속도를 높여 상승 비행으로 이행한다.

선회 비행을 하는 법

헬리콥터 비행은 메인 로터의 회전 방향에 따라 달라진다.(183쪽 참조) 여기에서는 위에서 내려다봤을 때 반시계 방향 회전, 싱글 로터를 기준으로 이야기를 진행하겠다.

호버링 중의 선회 호버링 중에 선회할 때는 선회하고자 하는 방향의 페달을 밟는다. 그림 1-9 (a)를 보자. 오른쪽으로 선회하고 싶을 때는 오른쪽 페

그림 1-9 선회 비행의 조작

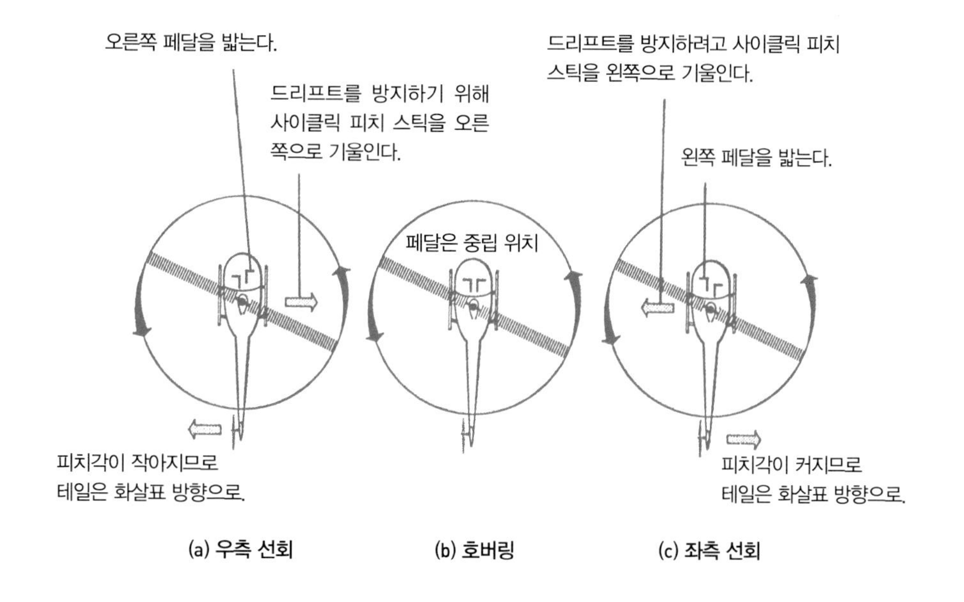

달을 밟는다. 이때 테일 로터의 블레이드 피치각이 작아지므로(추력이 감소하므로) 기수가 오른쪽으로 향한다.

주의해야 할 점은 페달을 밟으면 테일 로터의 추력 변화로 드리프트(옆미끄럼)가 발생한다는 것이다. 그래서 페달을 밟은 방향으로 사이클릭 피치 스틱을 조금 기울여줘야 한다. 왼쪽으로 선회할 때는 우측 선회와 반대로 조작한다. 그림 1-9 (c)의 경우다.

전진 비행 중의 선회

전진 비행 중에 선회하려면 비행기와 마찬가지로 뱅크(좌우 기울기)를 이용한다. 사이클릭 피치 스틱을 선회하려는 쪽으로 기울이면 된다. 그러면 메인 로터에 추력이 발생한다.

해당 추력에는 수직 방향의 분력(양력이며 헬리콥터 중량을 떠받침)과 수평 방향의 분력(선회에 따른 원심력에 대항하는 힘)이 있다. 그림 1-10 이때 사이클릭 피치 스틱을 기울이는 동시에 선회하려는 쪽의 페달도 밟는다.

그림 1-10 선회 시의 균형

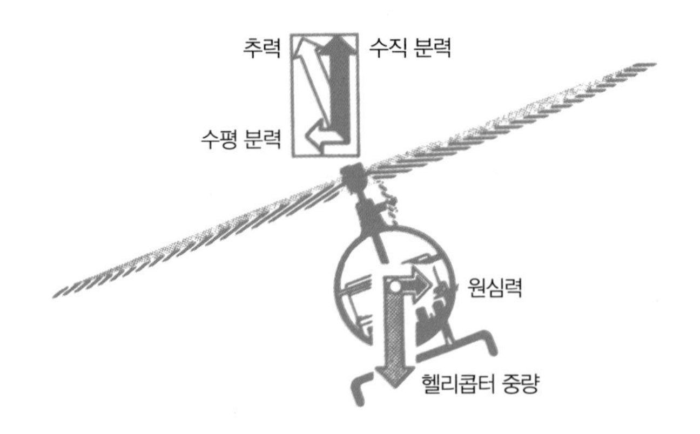

호버링을 하는 방법

호버링은 일정 고도를 유지하면서 정지(부양)한 상태를 말한다. 이것은 비행기로는 할 수 없는 헬리콥터만의 특기다. 바람이 없는 상태에서 호버링을 할 때는 사이클릭 피치 스틱을 중립 위치에 놓기만 하면 된다. 그러나 현실에서는 어떤 상황에서든 바람이 분다. 게다가 메인 로터의 다운워시(downwash. 하강 기류)가 헬리콥터 주위에 흐르고 있는 까닭에 무풍 상태는 절대 있을 수 없다.

호버링을 실시하려면 수평 방향, 수직 방향, 기수 방향을 제어해야 한다. 그리고 이러한 제어를 하려면 사이클릭 피치 스틱과 컬렉티브 피치 레버, 페달을 조작한다.

수평 방향의 제어

바람이 헬리콥터 전방에서 불어올 경우, 사이클릭 피치 스틱을 전방으로 기울인다. 안 그러면 헬리콥터는 바람에 밀려 후방으로 떠내려간다.

바람이 강할수록 스틱을 크게 기울인다.(기체의 기울기를 크게 한다.) 또 바람이 왼쪽에서 불어올 경우에 사이클릭 피치 스틱을 왼쪽으로 기울인다. 물론 바람이 오른쪽에서 불어온다면 스틱을 오른쪽으로 기울인다.

수직 방향의 제어

고도를 일정하게 유지하려면 컬렉티브 피치 레버를 위아래로 올리고 내려야 한다. 이때 필요에 따라 스로틀 그립을 조작해 엔진 출력을 조절한다. 다만 컬렉티브 피치 레버를 올리면 메인 로터의 토크가 증가해 기수가 오른쪽 방향으로 돌아가려 하므로 왼쪽 페달을 밟아준다. 레버를 내릴 경우는 반대로 오른쪽 페달을 밟아준다.

기수 방향의 제어 호버링 중에 기수 방향을 제어하는 일은 선회 조작과 같다. 23쪽을 참조하기 바란다.

지면 효과 비행기나 헬리콥터가 지면과 가까운 높이에서 비행하면 지면의 영향으로 원래보다 높은 고도에서 비행한다. 호버링을 할 때도 비슷한데, 이때에는 평소 호버링을 할 때와 다른 효과가 나타난다. 이를 지면 효과라고 한다.

그림 1-11 지면 효과

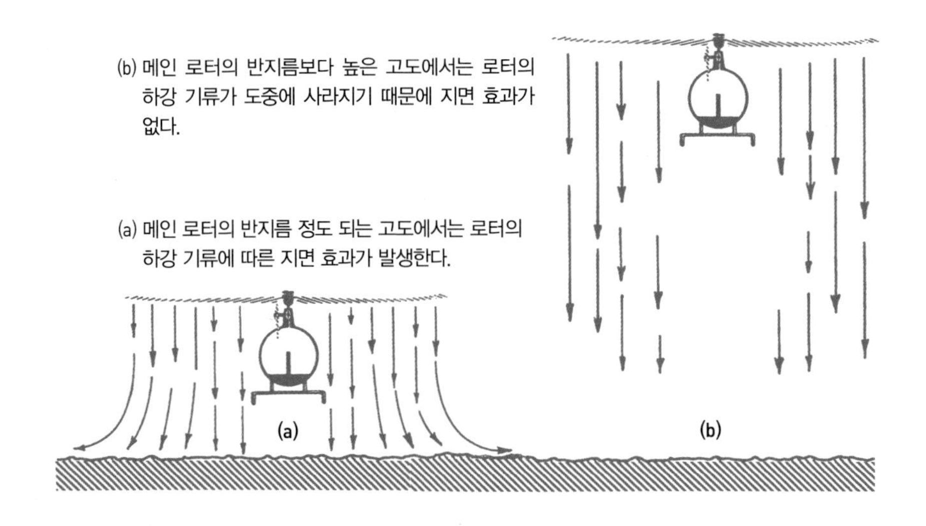

헬리콥터가 지면 가까이에서 호버링을 하면, 메인 로터가 일으키는 하강 기류가 지면에 막히는 에어쿠션 상태가 만들어진다. 그림 1-11 (a) 요컨대 적은 엔진 출력으로 호버링이 가능하므로 이 고도에서는 엔진 출력을 줄일 수 있다. 참고로 이 상태에서 하는 호버링을 지면 효과 내 호버링, 더 높은 고도에서 하는 호버링을 지면 효과 외 호버링 그림 1-11 (b)이라고 말한다.

지면 효과는 메인 로터의 반지름 정도의 고도, 예를 들어 메인 로터의 지름이 11.5미터(중형기)라면 약 5.7미터의 고도까지 영향을 끼친다. 다만 헬리콥터의 대기 속도가 시속 18킬로미터(초속 5미터) 이상이 되면 메인 로터가 일으키는 하강 기류가 후방으로 빠져나간다. 그러면 공기가 지면과 헬리콥터 사이에서 압축되지 않아 에어쿠션 효과를 상실하므로 지면 효과가 사라진다.

그림 1-12는 사이클릭 피치 스틱의 조작 방향과 헬리콥터의 움직임을 나타낸 것이다.

그림 1-12 사이클릭 피치 스틱의 조작과 비행 자세

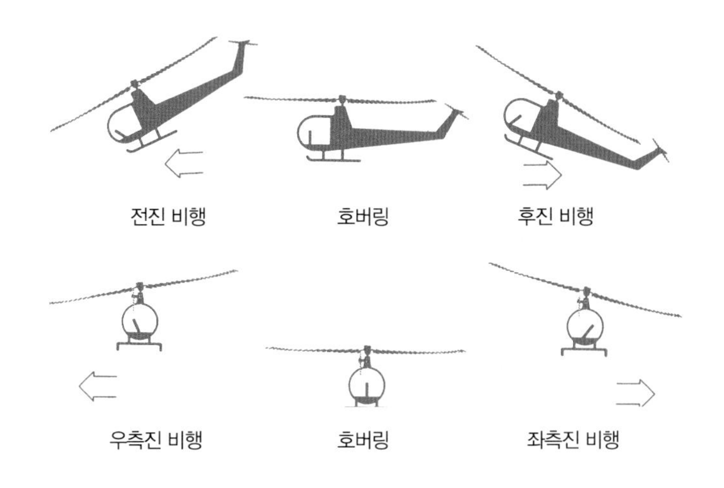

진입과 착륙을 하는 방법

헬리콥터가 진입하는 방법에는 크게 나눠서 통상 진입과 급각도 진입, 활주 착륙이 있다. 어떤 방법으로 진입과 착륙을 실시하느냐는 헬리콥터의 능력과 착륙 지점의 상황 등에 따라 달라진다. 가령 착륙 지점의 표고가 높거나 기온이 높을 때는 공기 밀도가 작으므로 그만큼 엔진 출력이 저하된다.

통상 진입 먼저 착륙 지점에 사람 또는 장애물이 없는지, 주위에 다른 기체가 없는지, 엔진이 정상인지 등을 계기로 확인하고 착륙 조작으로 이행한다. 그림 1-13

① 컬렉티브 피치 레버를 내려(메인 로터 블레이드의 받음각이 작아진다.) 하강 비행을 개시한다. 이때 상승할 때와는 반대로 메인 로터의 토크에 따른 편향이 감소하므로 오른쪽 페달을 밟는다. 통상 진입을 할 때 강하각은 약 10도로, 비행기의 강하각(약 3도)보다 급하다. 속도는 사이클릭 피치 스틱으로, 강하율은 컬렉티브 피치 레버로, 또 기수의 방향은 페달로 제어한다.

② 헬리포트에 접근할수록 속도를 점점 낮춘다. 점차 전이 양력도 작아지므로 컬렉티브 피치 레버를 조금씩 당겨 올려 기체의 침하를 멈춘다. 그대로 놔두면 양력이 급감해서 지면에 강하게 충돌(하드 랜딩)한다. 컬렉티브 피치 레버를 당겨 올렸을 경우, 기수를 정면으로 유지하기 위해 왼쪽 페달을 밟아준다.

③ 착륙 지점의 1.5미터 전후 고도에 다다르면 대지 속도 0, 즉 호버링 상태로 이행한 다음 착륙한다.

그림 1-13 통상 진입의 순서

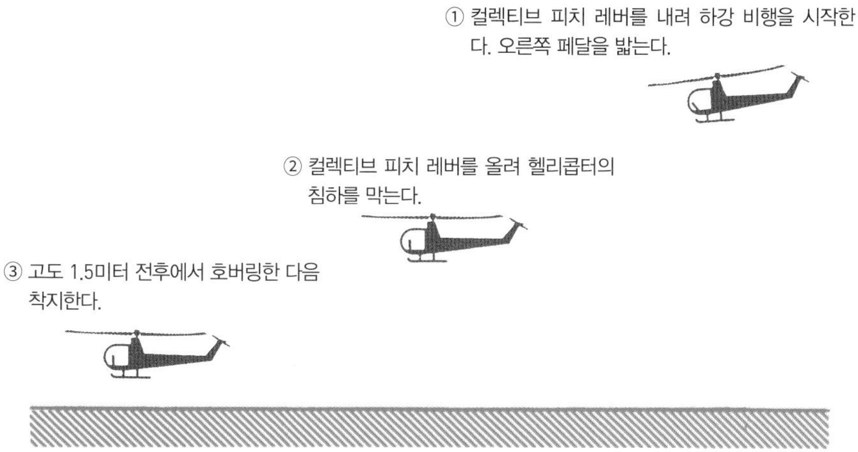

① 컬렉티브 피치 레버를 내려 하강 비행을 시작한다. 오른쪽 페달을 밟는다.

② 컬렉티브 피치 레버를 올려 헬리콥터의 침하를 막는다.

③ 고도 1.5미터 전후에서 호버링한 다음 착지한다.

그림 1-14 급각도 진입의 순서

① 통상 진입에서 실시하는 조작보다 컬렉티브 피치 레버를 더 내린다.

② 강하율이 크기 때문에 컬렉티브 피치 레버를 일찍 올린다. 동시에 왼쪽 페달을 밟는다.

③ 호버링을 실시한 뒤에 착지한다.

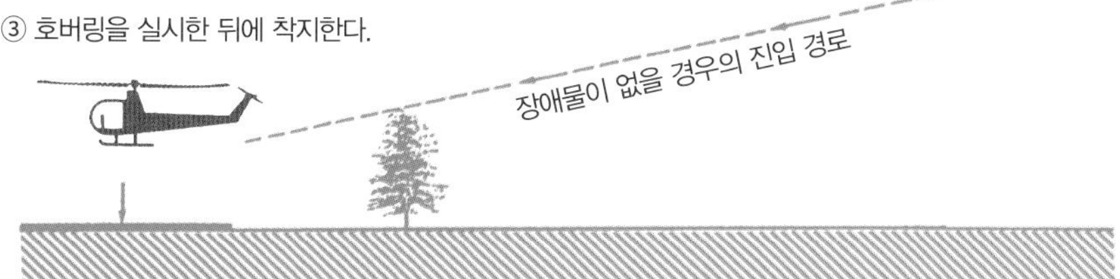

급각도 진입 착륙 진입 경로에 나무나 건물 같은 장애물이 있을 경우, 혹은 빌딩 옥상에 헬리포트가 있어서 처음부터 난기류가 예상되는 경우라면 급각도 진입 방식그림 1-14을 사용한다.

① 통상 진입에서 실시하는 조작보다 컬렉티브 피치 레버를 더 내리는 동시에 오른쪽 페달을 밟는다.
② 통상 진입보다 강하율이 크기 때문에 컬렉티브 피치 레버를 일찍 올린다. 동시에 왼쪽 페달을 밟는다.
③ 최종 진입 단계에서 호버링을 실시한 뒤 착지한다.

활주 착륙 헬리포트 표고가 높거나 헬리콥터 중량이 큰 상황에서 호버링이 불가능할 때 실시하는 착륙 방식이다. 활주 착륙의 강하각은 5도 전후이며, 진입 속도는 시속 30킬로미터 정도로 다른 진입 착륙보다 빠르다. 이것은 진입의 최종 단계까지 전이 양력을 유지하기 위함이다.

오토로테이션

비행기든 헬리콥터든 공중에서 엔진이 멈추는 상황이 발생하면 금방 추락할 것 같지만, 실제로는 그렇지 않다. 비행기의 경우, 엔진이 멈추면 먼저 기수를 내려서 주날개에 흐르는 기류를 층류(層流. 45쪽 참조)로 만들어 양력을 확보한다. 이 상태에서는 하강 비행밖에 할 수 없지만, 하강하면서 가까운 공항으로 향한다. 만약 근처에 공항이 없다면 넓은 평지나 하천 부지를 찾아서 불시착한다.

헬리콥터의 경우, 엔진이 멈추면 자동으로 엔진과 메인 로터의 연결이 분리된다. 그러면 헬리콥터는 당연히 중량 때문에 하강하지만, 이때 메인 로터에 상승 기류가 발생한다. 그 덕분에 로터의 회전이 유지되고 어느 정도의 양력을 얻을 수 있다.그림 1-15 도르래(장난감)를 날렸을 때 처음에는 기세 좋게 회전하며 상승하지만, 회전력이 약해지면 회전을 유지하면서 천천히 내려오는

그림 1-15 메인 로터를 통과하는 기류

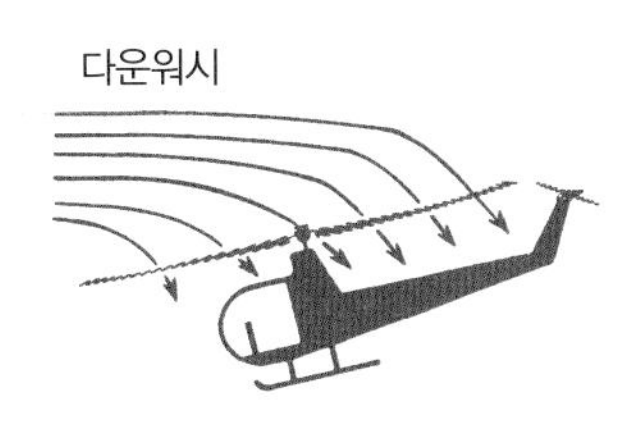

(a) 엔진 구동 시의 기류

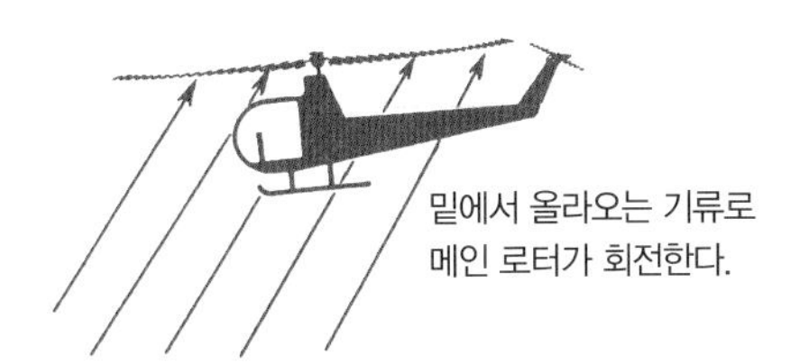

(b) 오토로테이션이 일어났을 때의 기류

현상과 같다. 이 현상을 오토로테이션(autorotation)이라고 부른다. 자동으로 회전하는 메인 로터의 회전력은 트랜스미션을 거쳐 테일 로터의 회전축에 전달된다. 그래서 오토로테이션 중에도 기수 방향을 제어할 수 있다.

오토로테이션 착륙

오토로테이션 착륙그림 1-16은 바람이 불어오는 쪽을 향해서 실시한다.

① 컬렉티브 피치 레버를 최저 위치까지 내리는 동시에 오른쪽 페달을 밟아 기수를 정면으로 유지한다. 사이클릭 피치 스틱을 조작해서 정해진 속도로 만든다.(속도는 기종에 따라 다름)

② 지상으로부터 약 20~30미터 고도에 이르면 사이클릭 피치 스틱을 후방으로 당겨서 전진 속도를 줄인다.(이것을 플레어라고 한다.) 플레어를 실시하면 메인 로터의 회전이 증가하므로 컬렉티브 피치 레버를 살짝 당겨 올린다. 그러면 메

그림 1-16 오토로테이션 착륙 방법

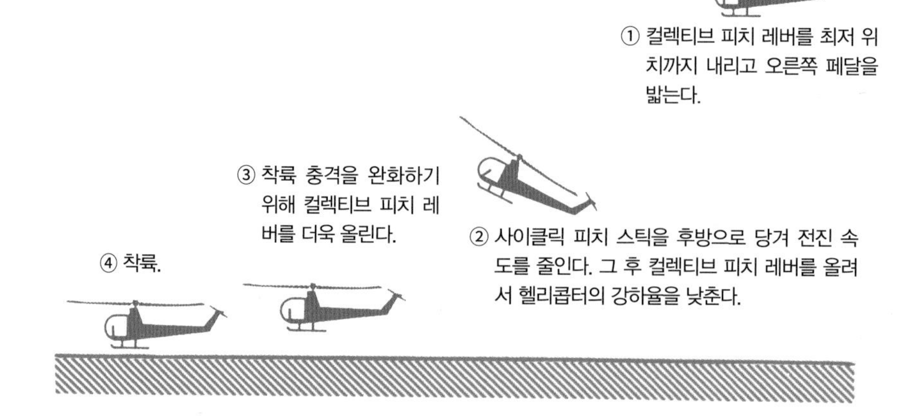

인 로터에 저항이 증가해 회전수가 감소한다. 계속해서 레버를 당겨 올려 강하율을 조절한다. 또 테일 로터가 지면에 접촉하지 않도록 사이클릭 피치 스틱을 전방으로 기울인다. 이 조작을 게을리하는 바람에 테일 로터가 지면에 접촉해서 사고가 나는 사례가 많다.

③ 스키드(또는 차륜)가 지면에 접촉하기 직전에 충격을 완화하려면 컬렉티브 피치 레버를 더욱 위로 당긴다.

④ 착지 후에도 사이클릭 피치 스틱은 그대로 유지하며, 컬렉티브 피치 레버는 최저 위치까지 내린다.

착륙 접지 후 메인 로터의 회전이 줄어들었을 때 로터 블레이드의 받음각을 키워서는 안 된다. 받음각을 키우면 양력에 비해 원심력이 작아 코닝각(83쪽 참조)이 커지기 때문에 블레이드에 과도한 휨 모멘트가 작용해 파손될 우려가 있다.

데드맨즈 커브

헬리콥터가 언제나 안전하게 오토로테이션 착륙을 할 수 있는 것은 아니다. 가령 오토로테이션을 할 때 일정 속도를 내고는 있지만 고도가 낮은 상황 혹은 고도는 높지만 일정 속도를 내지 못하고 있는 상황이라면 오토로테이션 착륙은 불가능하다. 오토로테이션할 때의 '고도 대기 속도' 조건을 나타낸 데드맨즈 커브(dead man's curve)그림 1-17를 살펴보자.

그림 1-17 그래프의 빗금 부분은 엔진 고장이 발생하면 위험해지므로 피해야 하는 영역이다. 해당 영역에서 엔진이 고장 나면 고도가 충분해도 속도가 부족하기 때문에 오토로테이션 착륙을 하지 못한다. 또 해당 영역에서는 전진 속도가 크기 때문에 감속할 여유가 없어 고속 비행 상태로 착지하게 되는데, 이때도 안전한 오토로테이션 착륙이 불가능하다.

그림 1-17 데드맨즈 커브

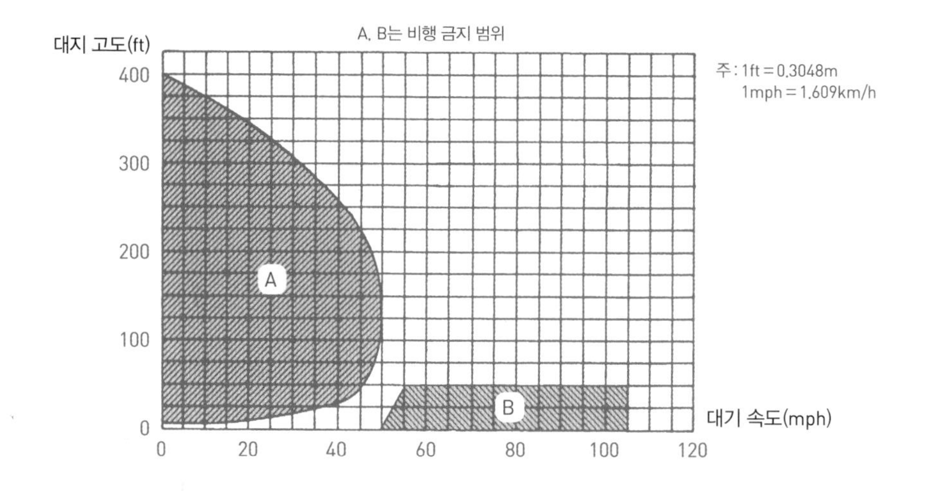

한편 이 영역의 아래쪽, 이를테면 고도 25피트(약 7.5미터) 부근에서 시속 40마일(시속 64킬로미터 정도)로 비행하다가 엔진 고장이 발생했다고 가정하자. 이 경우, 오토로테이션 상태에 들어가지 못하지만 고도가 낮은 까닭에 그대로 착륙해도 격렬한 충돌은 피할 수 있다. 물론 고도 300피트, 시속 80마일이라면 충분히 오토로테이션 착륙을 할 수 있다. 다만 빗금 부분은 기종에 따라 차이가 있으므로 사전에 확인해둬야 한다. 이상으로 헬리콥터의 이륙, 호버링, 선회, 착륙 방법을 알아봤다.

제 2 장

헬리콥터 공기역학의 구조

양력은 왜 발생하는가?

비행기나 헬리콥터는 양력을 이용해 비행한다. 양력은 공기(대기)에 대해 상대적으로 운동하는 날개에서 발생한다. 비행기는 주날개에서, 헬리콥터는 메인 로터의 날개(블레이드) 하나하나에서 양력이 발생한다. 추진력도 메인 로터가 담당한다. 참고로 로터를 세로로 눕힌 형태인 프로펠러의 추진력은 날개와 닮은 단면을 통해 발생하는 양력과 회전면 앞뒤에 있는 공기의 운동량 차이에 따른 반작용 때문에 생긴다. 왜 양력이 발생하는지, 먼저 그 원리를 살펴보자.

연속의 법칙 지금 초속 10미터의 기류 속에 어떤 날개골(에어포일. airfoil)을 놓았다고 가정하자. 날개 앞전에 부딪힌 기류는 날개의 윗면과 아랫면으로 갈라져서 뒷전으로 움직인다. 그림 2-1

그림 2-1 날개골에 발생하는 기류의 속도 차이

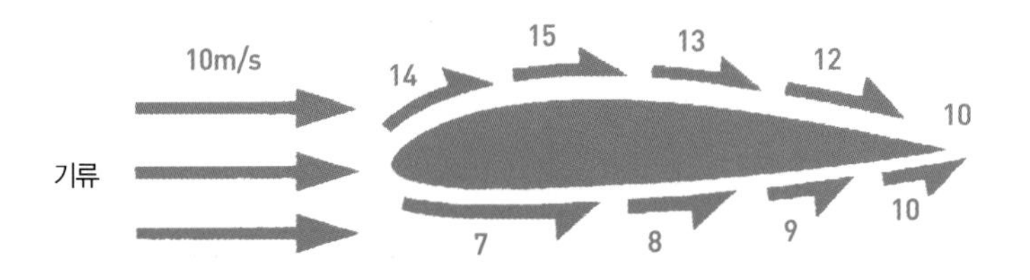

주날개의 윗면에서는 기류가 일단 초속 14~15미터 정도까지 가속되었다가 이후 속도가 줄어들어서, 뒷전에 도달했을 때는 앞전에 부딪히기 전의 속도인 초속 10미터로 되돌아간다.(그 후의 흐름에 관해서는 뒤에서 설명하겠다.) 한편 날개의 아랫면에서는 반대로 초속 7~8미터 정도까지 감속하지만, 뒷전에 도달했을 때는 역시 초속 10미터로 되돌아간다. 다만 속도가 증가하거나 감소하는 정도는 날개골의 형상에 따라 달라진다.

이때 기류의 속도가 빨라진 날개 윗면에서는 압력이 낮아지고, 기류의 속도가 감소한 날개 아랫면에서는 압력이 높아진다. 이 압력 차이가 양력이 되는 것이다.

기류의 가속·감속과 압력 변화의 정도는 '연속의 법칙'과 '베르누이의 정리'를 따른다. 그림 2-2는 중앙이 잘록한 관의 단면으로, 이 관에 연속적으로 공기를 흘려보내는 모습을 그린 것이다. 들어간 만큼의 공기량은 반드시 나와야 한다. 그래서 흐르는 공기의 양이 일정하다면 지름이 작은 곳에서는 흐름이 빨라지고, 지름이 큰 곳에서는 흐름이 느려진다. 이때 관 지름이 큰 곳

그림 2-2 잘록한 관 속의 흐름

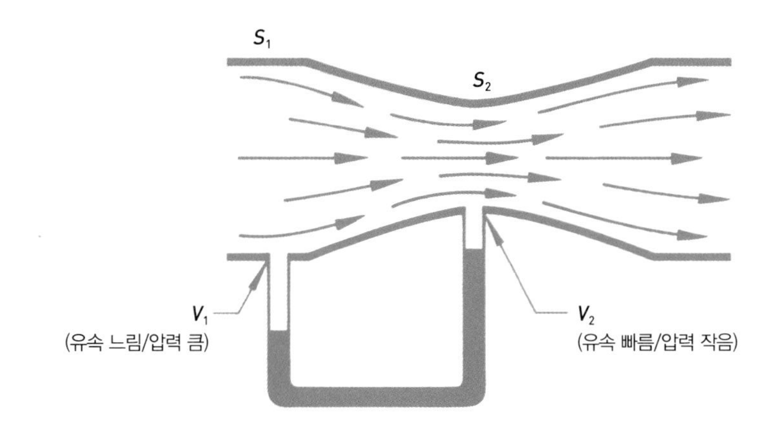

의 단면적을 S_1, 기류의 빠르기를 V_1, 관 지름이 작은 곳의 단면적을 S_2, 기류의 빠르기를 V_2라고 하면 다음과 같다.

$$\text{단위 시간에 통과한 공기량} = S_1 V_1 = S_2 V_2$$

$$\text{그러므로 } \frac{V_1}{V_2} = \frac{S_2}{S_1}$$

이것을 '연속의 법칙'이라고 한다. 이 법칙을 일상에서 경험할 수 있는 좋은 사례가 호스로 물 뿌리기다. 물을 멀리까지 뿌리고 싶을 때, 호스를 손가락으로 눌러서 출구를 좁히면 물이 멀리까지 기세 좋게 날아간다.

베르누이의 정리 정지 상태의 유체에는 좌우상하의 모든 방향에서 똑같은 압력이 작용한다. 이를테면 공기(대기)의 경우, 모든 방향에서 그 장소의 기압만큼 압력이 작용한다. 우리가 그 압력을 느끼지 못하는 이유는 모든 방향에서 같은 압력이 가해지기 때문이다. 이 압력을 정압이라고 한다. 흐르는 유체도 역시 정압을 받는다.

한편 흐름이 물체에 부딪혀서 막히거나 흐름이 좁아지면 유체가 지닌 운동 에너지가 그곳에서 압력으로 변한다. 예를 들어 속도를 내고 있는 탈것 안에서 밖으로 손을 내밀면 후방으로 밀려날 것 같은 압력을 느낀다. 이 압력을 동압이라고 한다.

동압을 q, 유체(물 · 대기)의 밀도를 p, 흐름의 속도를 V라고 하면 동압의 세기는 다음 식으로 나타낼 수 있다.

$$q = \frac{1}{2}\, p\, V^2$$

이 식을 보면 동압이 V의 제곱에 비례해 커짐을 알 수 있다. 동압(q)과 정압(P)을 더한 것이 전압(Pr)이며, 다음 식으로 얻을 수 있다.

$$Pr = P + \frac{1}{2} \rho V^2 = \text{일정}$$

이 식을 보면 정압이 높은 곳에서는 동압이 낮아지고, 정압이 낮은 곳에서는 동압이 높아짐을 이해할 수 있다.그림 2-3 이것을 '베르누이의 정리'라고 한다.

지금까지 한 설명은 날개골을 풍동(風洞)에 놓고 바람을 불어넣었을 때의 이야기이지만, 바람을 불어넣는 대신 날개골이 전진해도 마찬가지다. 또한 블레이드의 날개골도 거의 같은 형상이므로 블레이드를 회전시켰을 때도 같은 원리가 작용한다.그림 2-4

받음각과 실속

다만 실제로 비행할 때는 날개골에 적당한 '받음각'을 줘야 양력이 발생한다. 받음각이란 공기가 흐르는 방향과 날개골의 시위선이 이루는 각을 말한다.그림 2-5

그림 2-3 동압과 정압

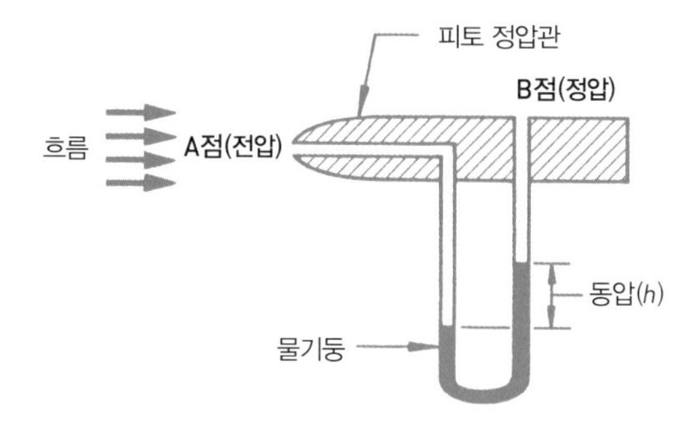

그림 2-4 날개골 위의 흐름

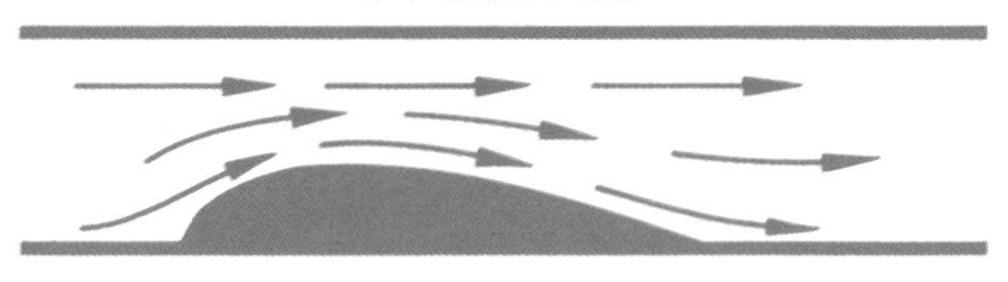

(a) 관 속에 놓인 날개 위쪽의 흐름

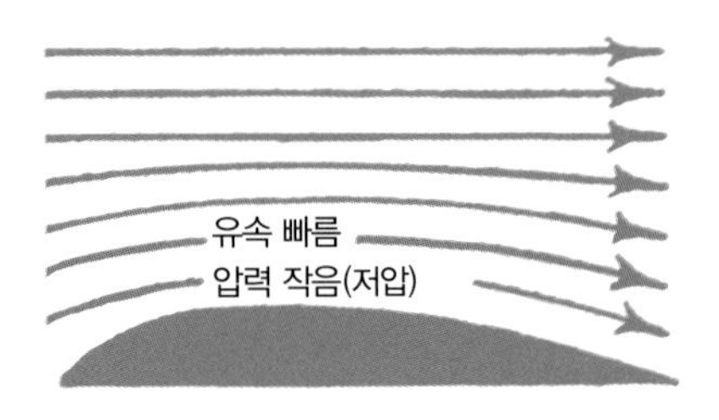

(b) 날개골 윗면의 흐름

그림 2-5 받음각

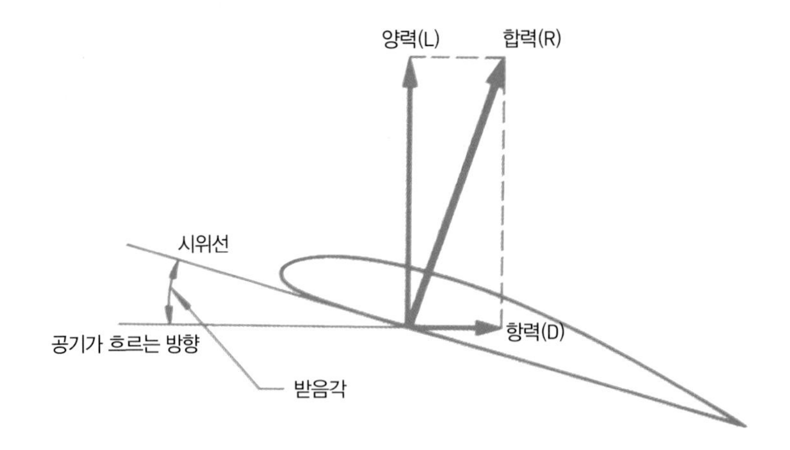

그림 2-6 받음각이 발생시키는 양력

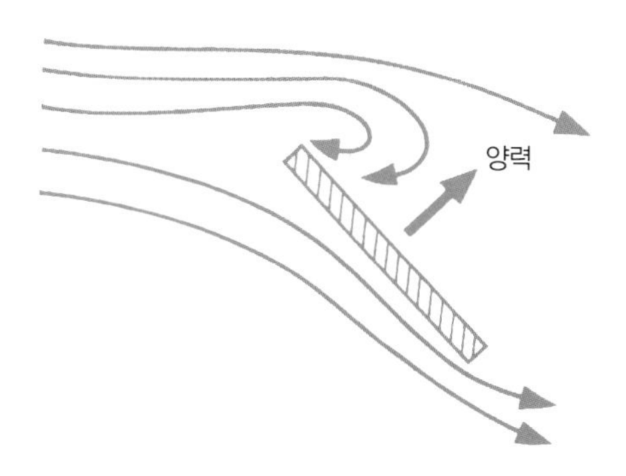

그림 2-7 받음각과 공기 흐름의 관계

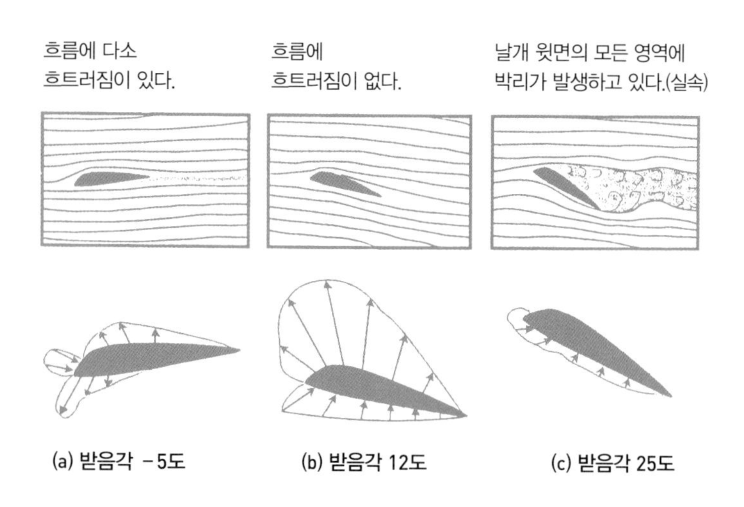

평평한 판(평판)을 기울여서 바람이 불어오는 방향에 대해 적당한 받음각을 주면 평판에는 상공으로 뜨려고 하는 힘이 작용한다. 그림 2-6 연날리기는 이 힘을 이용한 것이다.

비행기의 날개나 헬리콥터의 로터 블레이드도 마찬가지다. 단순히 전진 속도나 회전 속도를 빠르게 한다고 해서 양력이 발생하는 것이 아니다. 어느 정도의 받음각을 주지 않으면 양력이 생기지 않는다.

그림 2-7 (a)는 날개골의 받음각이 -5도인 상태를 나타낸 것이다. 날개 윗면의 부압(負壓)이 작을 뿐만 아니라, 날개 아랫면은 본래 정압이어야 하는데 부압이 되었다.(화살표가 반대)

그림 2-7 (b)는 받음각 12도로 날개 윗면은 부압, 날개 아랫면은 정압인 이상적인 상태다. 따라서 날개 주위의 기류에도 흩어짐이 없다. 통상 비행 시의 주날개나 로터 블레이드에서는 이런 흐름이 나타난다.

받음각을 더 키워서 25도로 만들면 날개 윗면에 부압이 존재하지 않고, 날개 윗면의 모든 영역에 박리(剝離)가 발생한다. 그림 2-7 (c)의 경우가 이렇다. 이 경우에는 주날개나 로터 블레이드에 양력이 없는 이른바 실속(失速) 상태가 된다.

실속이 발생하는 받음각은 날개골의 형상에 따라 다르지만, 대략 14~18도가 일반적이다. 이와 같은 받음각에서는 메인 로터의 회전 속도를 아무리 높여도 양력이 발생하지 않으며, 다음에 설명할 경계층 박리에 따른 저항만 커질 뿐이다.

저항은 어떻게 발생하는가?

앞에서 받음각을 설명할 때 평판을 이용했는데, 평판에는 양력이 발생하는 동시에 커다란 항력(저항력)도 작용한다. 이번에는 날개에 발생하는 항력을 살펴보자.

층류와 반류 그림 2-8은 풍동 안에 평판과 원기둥, 유선형 물체를 놓고 여기에 바람을 불어넣었을 때 각 물체 주위의 공기 흐름을 나타낸 것이다.

평판과 원기둥은 물체 표면의 어떤 점에서 공기 흐름이 지나가는 길, 즉 유선(流線)이 멀어진다. 그 바깥쪽에서는 흐름이 정연하지만 그 안쪽에서는 커다란 소용돌이가 발생한다. 이 소용돌이가 발생하는 범위를 반류(伴流)라고 한다. 반류의 크기는 평판이 원기둥보다 훨씬 크다.

그림 2-8 물체 형상과 흐름의 관계

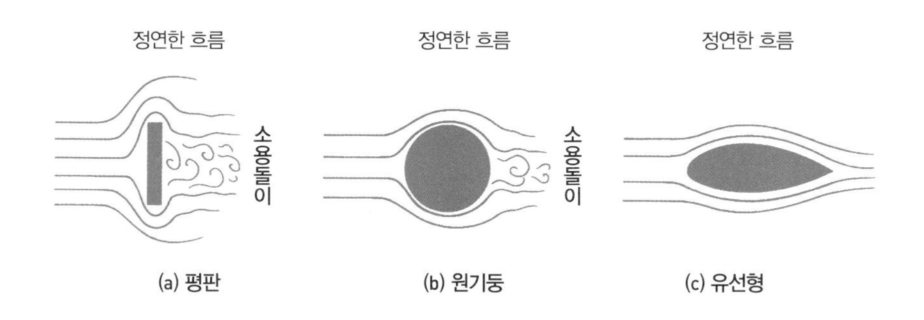

반류 안은 공기가 희박하고 압력이 낮기 때문에 물체에는 후방으로 잡아당기려 하는 힘, 즉 저항이 작용한다. 반류 영역이 클수록 저항도 커진다. 평판이 원기둥보다 저항이 큰 것은 이 때문이다. 이 저항은 물체 앞뒤의 압력 차이에서 기인하므로 물체 형상에 따라 크게 달라진다. 그래서 이 저항을 형상저항이라고 부른다.

유선형 저항을 최대한 줄이려면 물체 뒤에 생기는 반류 영역을 가급적 작게 만들어야 한다. 이를 위해서는 물체 후방을 그림 2-8 (c)와 같이 매끄러운 형상으로 만들면 된다. 이렇게 하면 소용돌이는 대부분 사라진다. 이와 같이 뒤쪽에 생기는 소용돌이가 매우 작고 정연한 흐름에 둘러싸이는 형태를 유선형이라고 한다.

유선형의 저항은 평판의 18분의 1에 불과하다는 실험 결과가 있다. 날개골의 뒷전이 유선형인 것은 이런 이유에서다. 비행기나 헬리콥터의 동체 형상은 물론이고 고속으로 달리는 자동차나 열차도 동체 표면의 요철을 최대한 없애고 매끄러운 유선형으로 만들지 않으면 저항이 커서 속도를 내지 못한다.

물체와 유체의 표면 사이에서 일어나는 마찰도 저항을 발생시킨다. 이것은 물체 표면의 매끄러움과 관계가 있으며, 마찰 저항 혹은 표면 저항이라고 한다.

경계층 이와 같이 저항은 주로 소용돌이 때문에 발생하는데, 그렇다면 소용돌이는 어떻게 발생할까? 이것을 알려면 먼저 물체 표면과 아주 가까운 부분에서 일어나는 유체 흐름을 살펴볼 필요가 있다.

평판을 기류에 대해 평행하게 놓는다. 그러면 판으로부터 조금 멀리 떨어진 곳에서는 기류가 똑같은 속도로 매끄럽게 흐른다. 다만 판의 표면과 아주 가까운 곳에서는 표면에 가까워질수록 속도가 줄어들며, 표면에서는 속도가 0이 된다.그림 2-9 속도가 감소하는 이 얇은 층을 경계층이라고 한다. 강의 흐름을 보면 물가의 물은 멈춰 있지만 물가에서 멀어질수록 유속이 빨라진다. 이 속도가 느려지는 범위를 경계층이라고 생각하면 이해하기 쉬울 것이다.

물체 표면에는 아주 얇은 층을 이룬 유체(공기)가 달라붙어 있다. 이 공기가 그 바깥쪽을 흐르는 공기에 달라붙어 흐름의 속도를 줄인다. 이렇게 해서 생기는 경계층의 두께는 흐름의 상태·물체의 크기에 따라 달라지는데, 공기의 경우 수 밀리미터다. 그러나 이 수 밀리미터 두께의 경계층이 물체 뒤쪽에 생기는 소용돌이의 원인이 되며, 결국은 저항의 근원이 된다.

층류 경계층

경계층 두께는 물체 전방에서 후방까지 일정한 것이 아니다. 물체 전방 부근에서는 매우 얇지만 후방으로 갈수록 점점 두꺼워지며, 그

그림 2-9 물체 표면의 흐름 속도

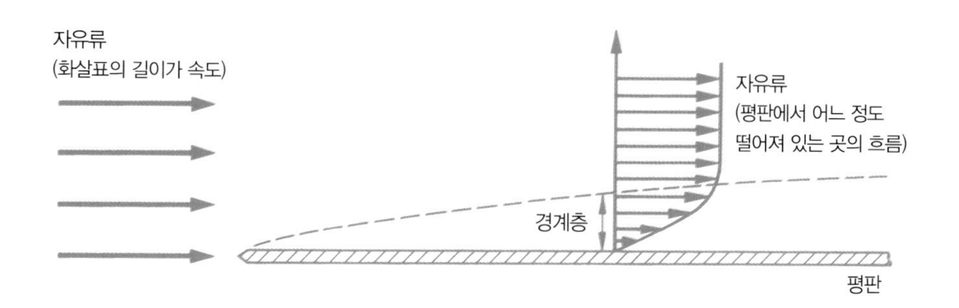

보다 더 후방에서는 두께가 갑자기 증가한다.

물체 전방의 경계층은 물체 표면을 따라서 층을 이루며 질서정연하게 흐르지만, 물체 후방의 두꺼운 층에서는 흐름이 흐트러진다. 그래서 물체 전방의 정연한 층을 층류 경계층, 후방의 흐트러진 층을 난류 경계층이라고 부른다. 그림 2-10

층류 경계층이 갑자기 난류 경계층으로 이행하는 것은 아니다. 층류 상태가 흐트러지면서 점차 난류 경계층으로 이행한다. 이 이행 상태를 천이, 그 위치를 천이점이라고 한다.

난류 경계층 난류 경계층의 두께는 수십 밀리미터로, 층류의 10배 정도다. 그림 2-11은 층류 경계층 내부와 난류 경계층 내부의 속도 분포를 나타낸 것이다.

층류 경계층 내부의 속도 분포(실선)는 포물선을 그리는 데 비해 난류 경계층 내부의 속도 분포(점선)는 거의 균일하다. 이것은 난류가 층류에 비해 평판 근처에서 일으키는 속도 변화가 급하다는 사실을 보여주며, 평판의 면에

그림 2-10 층류에서 난류로

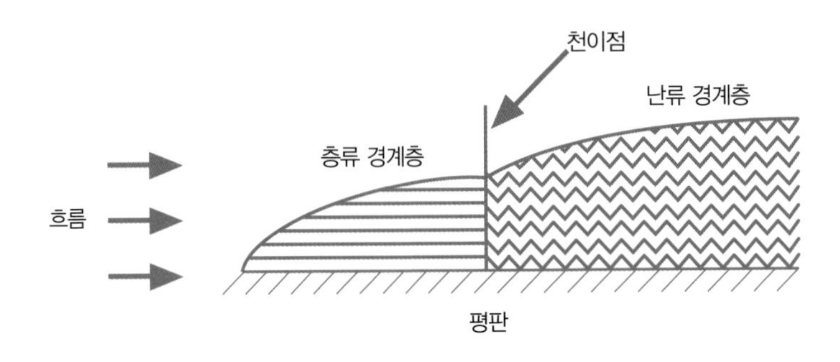

그림 2-11 흐름의 속도 분포

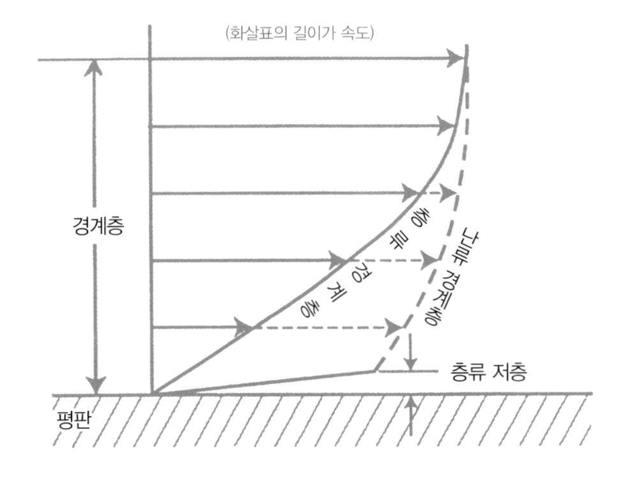

미치는 마찰력이 크다는 뜻이다. 그리고 난류가 층류에 비해 잘 박리되지 않음을 말해준다.

또한 난류 경계층의 벽과 매우 가까운 영역에서는 흐름의 입자 변동이 적어 층류를 형성하고 있다. 그래서 이 층을 층류 저층이라고 한다.

경계층 박리 반드시 물체 표면 전체가 경계층에 감싸여 있는 것은 아니다. 예를 들어 로터 블레이드의 받음각을 키우면, 그전까지 블레이드 표면을 따라 형성됐던 경계층의 일부가 블레이드 표면에서 벗겨져 큰 규모의 소용돌이가 발생하며, 그 소용돌이가 후방으로 흘러간다. 그림 2-12 이것을 경계층 박리라고 한다.

경계층 박리로 소용돌이가 생긴 반류 영역에서는 다른 부분에 비해 압력이 낮다. 이런 까닭에 물체를 뒤로 잡아당기려 하는 힘, 즉 항력이 발생한다. 블

그림 2-12 경계층 박리

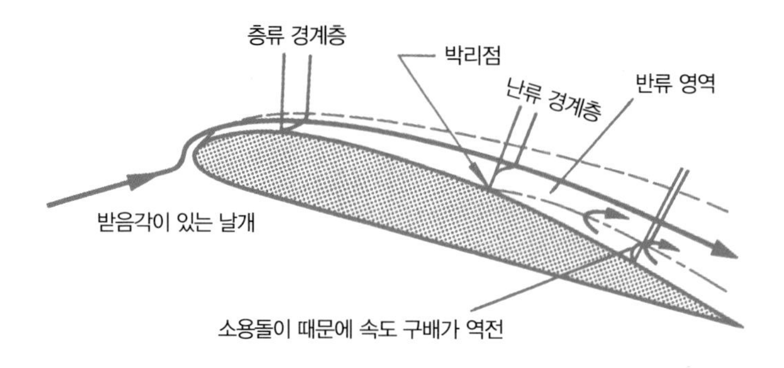

그림 2-13 받음각과 양력의 관계

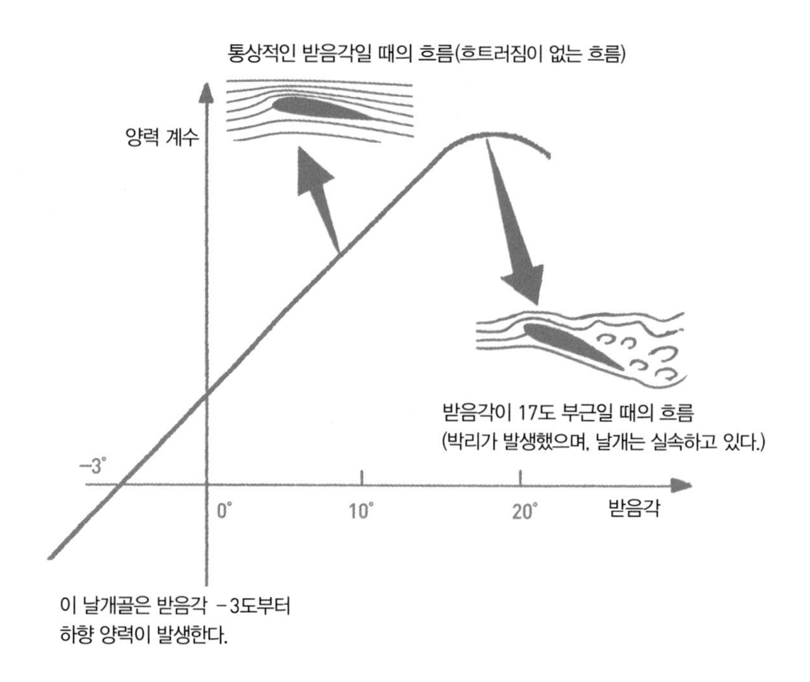

레이드 표면의 경계층이 벗겨져 박리 부분만 남게 되면 블레이드에서 양력이 사라져 이른바 실속이라는 현상을 일으킨다. 그림 2-13

날개의 압력 분포와 압력 중심 압력 분포를 대표하는 점, 즉 날개에 작용하는 양력과 항력의 합력인 작용선이 시위선과 교차하는 점을 압력 중심이라고 한다.

압력 중심은 받음각의 크기에 따라 이동한다. 그림 2-14 즉, 받음각이 커지면 압력 중심은 날개 앞전 쪽으로, 받음각이 작아지면 압력 중심은 날개 뒷전 쪽으로 이동한다.

압력 중심의 이동이 크면 안정성이 나빠지는데, 캠버가 작고 최대 캠버의

그림 2-14 받음각과 압력 중심

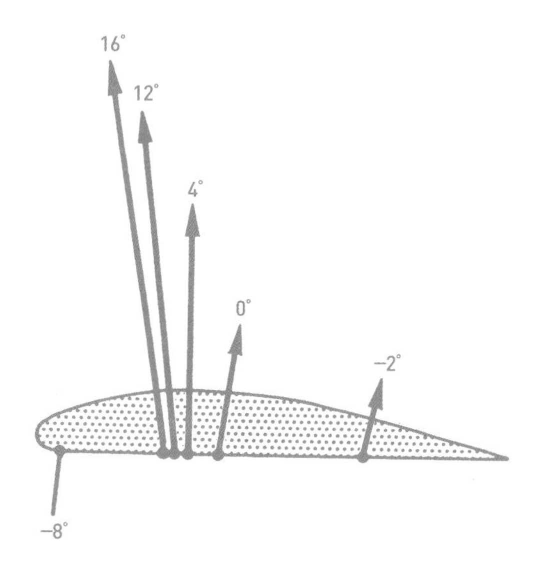

위치가 앞전 쪽에 가깝도록 날개골을 만들면 압력 중심의 이동이 줄어든다. 캠버 그림 2-15란 평균 캠버선(날개의 두께를 이등분한 점을 연결한 선-옮긴이)의 휘어진 정도를 말하며, 시위 길이(날개의 앞뒤를 연결한 직선의 길이)에 대한 퍼센티지로 표시한다.

그림 2-15 날개골의 각부 명칭

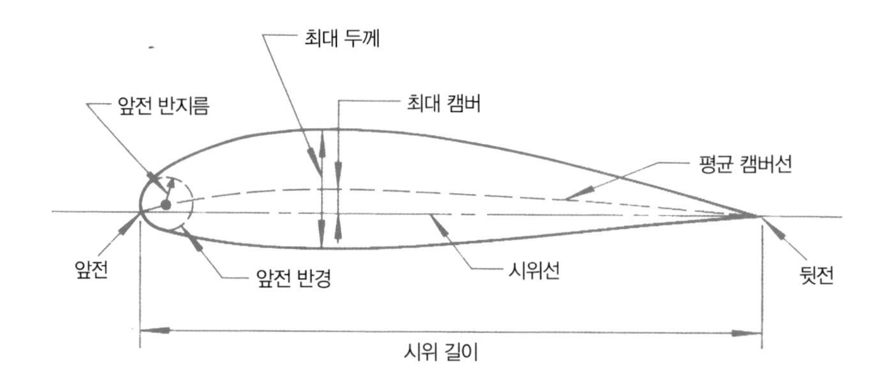

날개골

앞에서 받음각을 설명할 때 평판을 예로 들었는데, 단순한 평판은 발생하는 저항(D)에 대한 양력(L)의 비율(양항비 : L/D)이 작기 때문에 실제 날개로 사용할 수 없다. 양항비가 10 이상인 날개골이 개발된 뒤에야 비로소 비행기가 실용화될 수 있었다.

라이트 형제가 최초로 동력기를 이용한 비행에 성공한 뒤 오늘에 이르기까지 수많은 날개골이 연구되고 실용화됐다. 그림 2-16은 그중 일부를 소개한 것이다.

그림 2-16 날개골의 발전

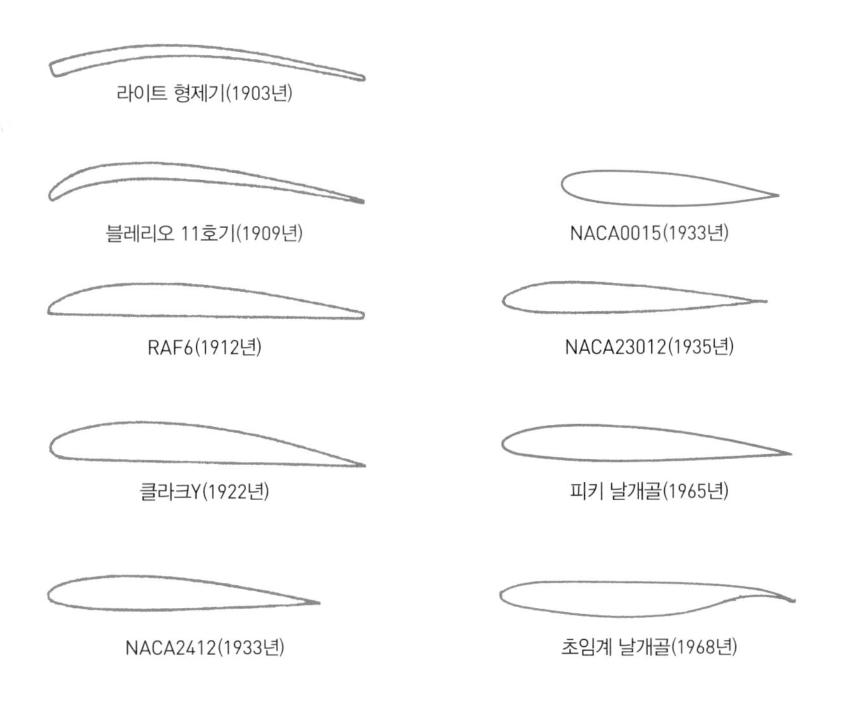

NACA 계열 날개골 미국의 NACA(현 NASA)가 체계적으로 연구 개발한 날개골이 주목할 만하다. 이 날개골의 이름에는 계열별로 4, 5, 6, 7자리 숫자가 붙어 있다. 그림 2-16

이 날개골은 날개 두께의 변화 비율이나 캠버 모양을 일정한 스타일로 결정하고, 최대 캠버와 위치, 날개 두께를 바꿔서 다양한 모양을 만들었다. 이를테면 'NACA2412'는 4자리 숫자 계열의 날개골로, 숫자가 뜻하는 의미는 다음과 같다.

2 : 최대 캠버가 2퍼센트

4 : 날개 앞전에서부터 40퍼센트의 위치가 최대 캠버

12 : 최대 날개 두께비가 12퍼센트

4자리 숫자 계열의 날개골은 세스나 172 같은 소형 경비행기에 많이 사용됐다. 헬리콥터의 메인 로터에 많이 사용한 날개골은 'NACA23012'나 'NACA0015'다. 'NACA23012'의 숫자가 뜻하는 의미는 다음과 같다.

2 : 최대 캠버가 2퍼센트

3 : 앞전에서부터 15퍼센트의 위치가 최대 캠버

0 : 후반부의 평균 캠버선이 0(직선)

12 : 최대 날개 두께비가 12퍼센트

'NACA0015'의 숫자가 뜻하는 의미는 다음과 같다.

00 : 캠버가 0퍼센트

15 : 최대 날개 두께비가 15퍼센트

이와 같이 캠버가 0퍼센트, 즉 평균 캠버선 상하면의 곡선이 같은 날개를 대칭익이라고 부른다. 대칭익은 날개 받음각이 0일 때 날개 상하면의 압력 분포가 같아서 양력이 0이 되는 날개다.

로터 블레이드 전용 날개골 대부분의 날개골은 본래 비행기용으로 개발된 것이라 최근에 개발된 고성능 헬리콥터에는 맞지 않는다. 가령 헬리콥터가 고속으로 비행하려면 메인 로터의 회전수를 올려야 하는데, 회전수를 높일수록 공력 소음(주위 기류에 의해 발생하는 소음)이 커질 뿐만 아니라 충격파가 발생하기 때문에 메인 로터가 기능을 상실한다.

참고로 로터 지름이 11.2미터이고, 로터 축의 회전수가 395rpm이라면 블레이드 끝단 부분의 속도는 π×11.2×395÷60=231m/s, 즉 시속 831킬로미터가 된다. 여기에 헬리콥터 속도를 더하면 무려 시속 1,100킬로미터가 넘

그림 2-17 헬리콥터 전용 날개골

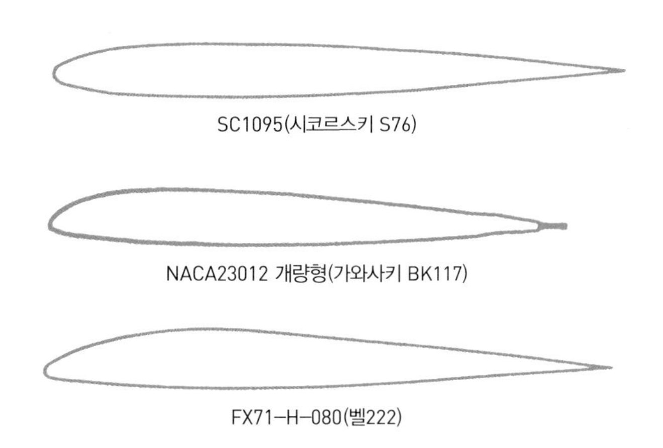

는다. 한편 기온이 섭씨 15도일 때의 음속은 시속 1,225킬로미터 정도이므로 블레이드 끝단 부분의 속도가 음속에 가까워져 여러 가지 폐해가 발생한다. 그런 까닭에 헬리콥터의 이론적 상대 속도는 시속 400킬로미터 정도로 알려져 있으며, 실제로 현재의 실용 최고 속도도 시속 300킬로미터 전후다. 현재는 헬리콥터 제조사가 전용 날개골을 개발해 쓰고 있다. 그림 2-17

다만 블레이드 전체의 날개골이 똑같은 것은 아니며, 중앙 부분과 날개 끝단 부분의 모양이 다르다. 가와사키 BK117의 경우, 블레이드의 길이 중 80퍼센트까지는 NACA23012(날개 두께비 12퍼센트) 개량형을 채용했지만, 그 이후 날개 끝단까지는 날개 두께비가 10퍼센트인 얇은 날개골을 채용해서 효율을 높였다.

날개의 평면 형상

회전 날개의 평면 형상 로터 블레이드의 평면 형상은 기본적으로 그림 2-18 (a)와 같은 직사각형이다. 그러나 최근에는 더 빠르고 소음이 적은 헬리콥터를 원하는 사용자들의 요구에 부응하기 위해 그림 2-18 (c)~(f)와 같은 형상의 블레이드가 쓰이고 있다.

(f)는 날개 끝이 카누의 노(패들)와 비슷한 형상을 하고 있다고 해서 패들 블레이드(BERP)라고 부른다. 1980년대 후반에 연구 개발돼 1990년대 실기(實機)에 채용됐는데, 이 블레이드를 채용한 기종이 헬리콥터의 이론적 최고 속도인 시속 약 400킬로미터를 기록하기도 했다.

(e)도 고속 비행을 목적으로 개발된 것이다. 다만 양쪽 모두 형상이 복잡한

그림 2-18 로터 블레이드의 평면 형상과 날개 끝단의 형상

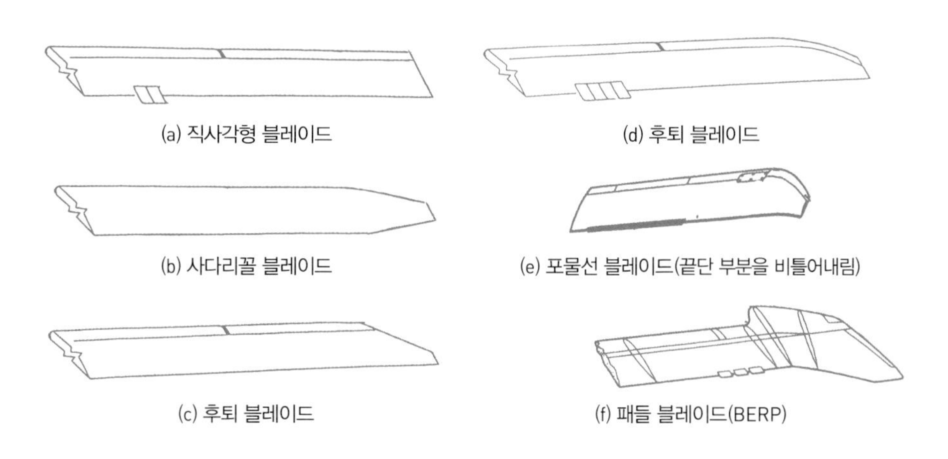

까닭에 기존 금속 블레이드를 이 형상으로 제작하기가 쉽지 않으며, 이에 따라 제작 비용도 비쌌다. 이 문제를 해결한 것이 복합 재료(169쪽 참조)로, 현재는 대부분의 블레이드가 복합 재료로 제작된다.

날개의 평면형에 따른 실속 방지 앞에서 이야기했듯이 효율이 높은 블레이드를 만들려면 날개 뿌리와 중앙, 날개 끝에 각각 다른 날개골을 채용해야 한다. 이를테면 날개 뿌리 부근에는 NACA23016, 날개 끝 부근에는 NACA23012를 채용한다. 이것을 공기역학적 비틀어내림이라고 한다.

한편 기하학적 비틀어내림이라는 것이 있다. 앞서 말했듯, 날개는 일정 받음각이 되면 반드시 경계층 박리를 일으켜 실속을 초래한다. 그러나 실속은 날개 전체에 걸쳐 똑같이 발생하는 것이 아니며, 날개의 평면형에 따라 실속이 시작되는 장소와 실속이 확산되는 상태가 달라진다. 그래서 날개 끝으로

그림 2-19 블레이드의 '비틀어내림'

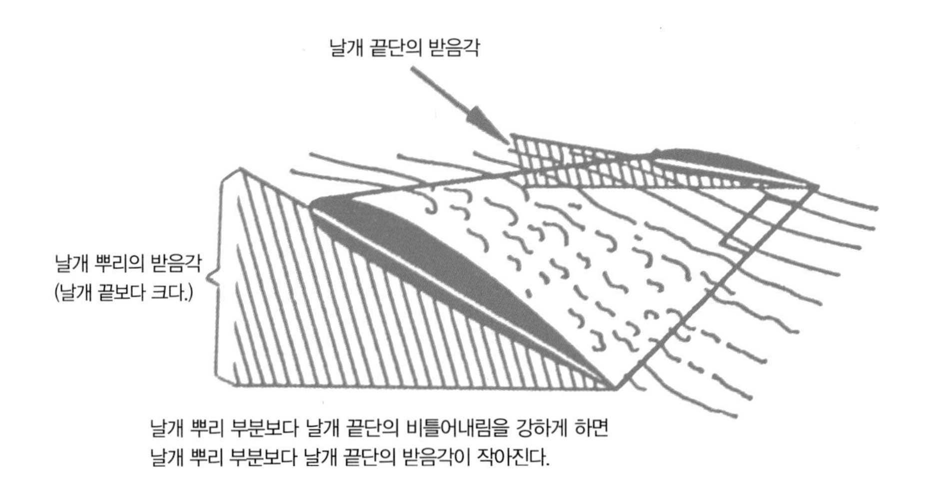

갈수록 받음각이 작아지도록 블레이드에 '비틀어내림'을 준다. 이것이 기하학적 비틀어내림이다. 그림 2-19

이렇게 하면 유효한 받음각이 날개 끝으로 갈수록 작아지기 때문에 날개 끝단의 실속을 늦출 수 있다. 블레이드에 비틀어내림을 주면, 블레이드 전체의 압력 분포가 거의 균일해진다. 그림 2-20 비틀어내림을 주지 않으면 압력 분포가 날개 끝 쪽에 편중돼 블레이드 뿌리에 커다란 휨 모멘트가 작용하기 때문에 좋지 않다.

그림 2-20 블레이드 위의 압력 분포

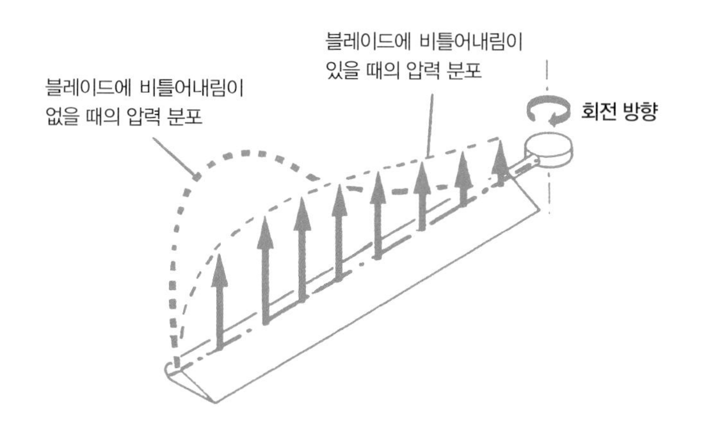

헬리콥터의 안정

공중에 떠 있는 비행기나 헬리콥터에 안정성이 없으면 날지 못하는 것은 아니지만 탈것으로 이용할 수는 없다. 사실 초기 비행기는 안정성이 나빠서 사고가 발생하는 경우가 많았다. 그러나 시간이 흐르면서 비행기 안정성이 좋아졌고, 현재는 사고가 매우 드물어졌다.

한편 헬리콥터는 본질적으로 불안정한 성질이 있으며, 이것이 비행기에 비해 실용화가 크게 늦어진 한 가지 요인이었다. 안정성이 떨어지는 만큼 헬리콥터는 비행기에 비해 조종이 어렵다. 그래서 헬리콥터 파일럿이 되려면 먼저 비행기를 조종해 비행에 익숙해진 다음, 헬리콥터 조종을 시작하는 것이 관례다.

안정의 종류 안정에는 정적 안정과 동적 안정이 있다. 먼저 정적 안정을 살펴보자. 그림 2-21 (a)는 오목한 면 위에 놓은 공이 시간 경과와 함께 자연스럽게 원래 위치로 돌아가는 모습을 나타낸 것이다. 이 상태를 안정(정적 안정)이라고 한다.

(b)는 평면에 공을 굴린 상태로, 공은 원래 위치로 돌아가지 않는다. 이것을 중립 안정(정적 중립 안정)이라고 한다. (c)는 볼록한 면 위에 공을 놓은 상태로, 공에서 손을 떼면 절대 원래 위치로 돌아가지 않는다. 이것을 불안정(정적 불안정)이라고 한다.

다음에는 같은 그림에서 동적 안정을 살펴보자. 이 경우, 공의 운동을 시간 경과와 함께 파악한다. (a)의 공은 처음에 오목한 면 안쪽을 이동하지만, 시간 경과와 함께 오목한 면의 골짜기에서 멈춘다. 이 현상을 '동적 안정이 양(+)이다.'라고 한다. 만약 표면에 마찰력이 없다면 이론적으로 공은 영구히 진자처럼 진동한다. 이와 같은 현상을 '동적 안정이 중립이다.'라고 한다.

동적 안정을 다른 각도에서 보면 그림 2-22와 같다. 지금 헬리콥터가 (a)의 A점(고도)까지 수평 비행한 뒤에 돌풍을 만나서 기수가 내려갔다고 가정하자. 이 기수 하향은 일정 시점까지 계속되지만, 그 후에는 기수 상향으로 전환하고, 다시 기수 하향으로 전환한다. 그리고 시간 경과와 함께 진폭이 줄어들어 B점에서는 원래의 수평 비행으로 돌아간다. 이 상태를 '동적 안정이 양이다.'(동적 안정)라고 말할 수 있다.

교란을 받아서 (b)와 같이 진동이 영원히 계속되는 상태를 '동적 안정이 중립이다.'(동적 중립 안정)라고 말한다. 또 교란을 받았을 때 (c)처럼 시간이 경과할수록 진폭이 더 커지는 상태를 '동적 안정이 음(-)이다.'(동적 불안정)라고 말한다.

그림 2-21 정적 안정과 동적 안정

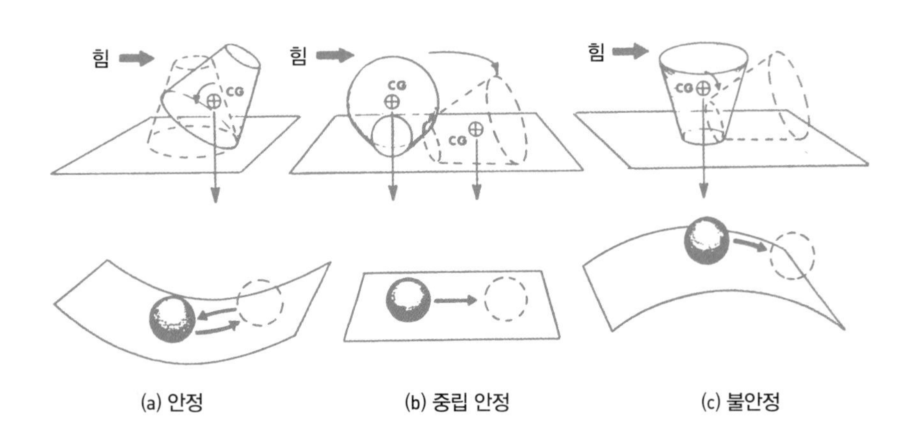

그림 2-22 동적 안정

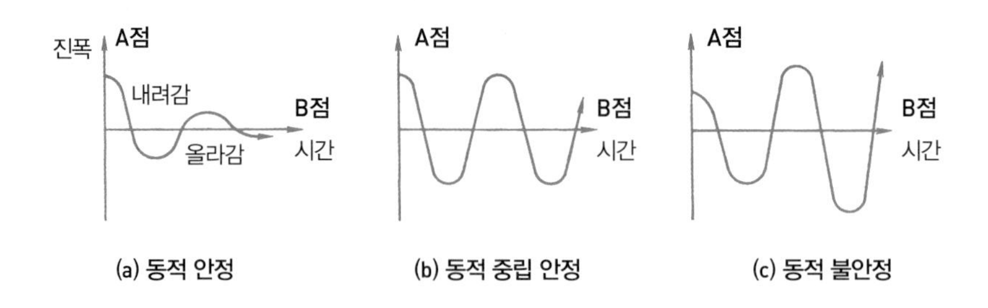

(a) 동적 안정 (b) 동적 중립 안정 (c) 동적 불안정

이상을 종합하면 항공기는 정적 안정을 만족하고 여기에 동적 안정을 보유해야 한다. 다시 말해 동적 안정이 필요한 전제 조건이 정적 안정이다. 다만 정적 안정이 너무 강하면 교란을 받았을 때, 원래 자세로 돌아가려는 작용이 강하다. 이 탓에 중립점을 지나쳐 진동이 점점 확대되는 동적 불안정이 된다.

항공기의 세 축 헬리콥터뿐만 아니라 모든 항공기는 공중에서 3차원적으로 움직인다. 그림 2-23

그림 2-23 헬리콥터의 세 축과 흔들림

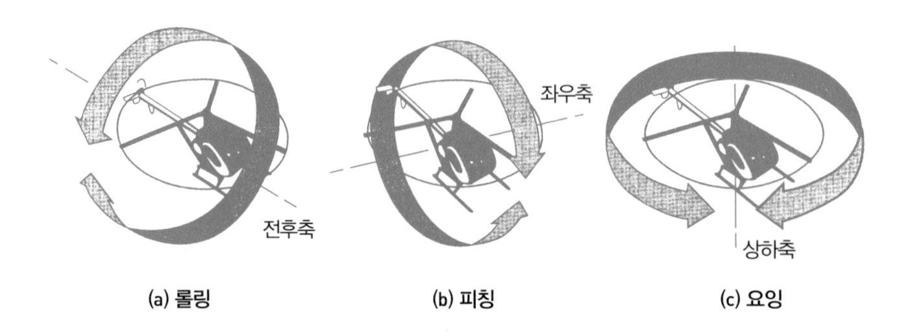

(a) 롤링 (b) 피칭 (c) 요잉

전후축을 중심으로 흔들렸을 때는 가로 방향 흔들림(롤링), 좌우축을 중심으로 흔들렸을 때는 세로 방향 흔들림(피칭), 상하축을 중심으로 흔들렸을 때는 회전 흔들림(요잉)이라고 부른다.

비행기라면 롤링이 발생했을 경우 보조날개로, 피칭이 발생했을 경우 승강키로, 요잉이 발생했을 경우 방향키로 균형을 잡는다. 그런데 헬리콥터는 흔들림이 발생하면 어떤 키로 대처한다는 명확한 구분이 없다. 굳이 말하자면 롤링과 피칭은 메인 로터로, 요잉은 테일 로터로 바로잡는다.

메인 로터의 안정

헬리콥터의 메인 로터는 속도에 대해 정적 안정성을 갖는다. 일정한 속도로 비행하다가 가속하면 전진하는 로터 블레이드의 양력이 커지고, 후퇴하는 로터 블레이드의 양력이 작아진다.(86쪽 참조) 그래서 메인 로터의 회전면은 후방으로 기운다. 이에 따라 기수 올림 모멘트가 발생해 메인 로터 면의 추력이 뒤쪽으로 쏠리기 때문에 헬리콥터는 감속하려 한

그림 2-24 메인 로터의 안정

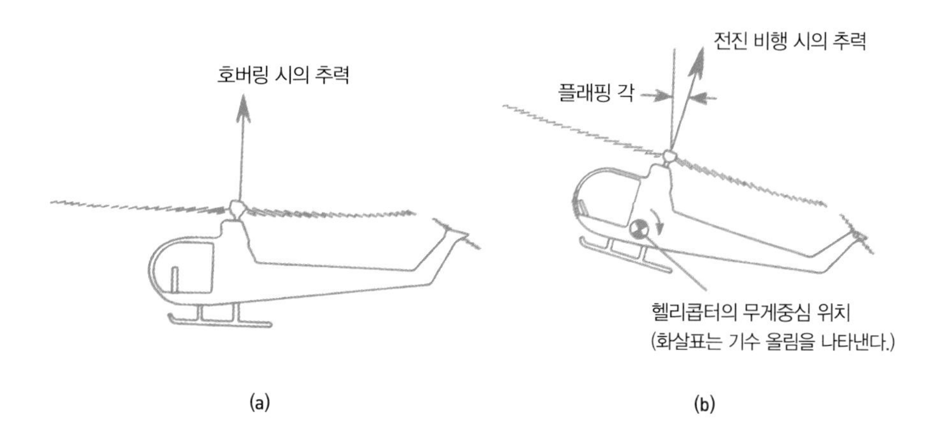

다. 그림2-24 요컨대 전진 속도가 증가할수록 메인 로터 면의 움직임은 감속하는 경향이 있으므로 메인 로터는 속도에 대해 정적 안정성을 갖는다.

호버링 중의 안정 헬리콥터가 호버링 중에 돌풍을 만나 자세가 흐트러지더라도 비행기 주날개의 상반각(上反角)과 같은 작용을 하므로 정적 안정이다. 그림 2-25 다만 호버링 시의 동적 안정성을 조사해보면 동적으로는 불안정이 된다. 그 밖에 전진 비행 시의 안정성(정적 세로 안정, 동적 세로 안정, 가로 방향의 안정)이 있는데, 이것은 매우 복잡하므로 전문 서적을 참고하기 바란다.

그림 2-25 호버링 중의 안정

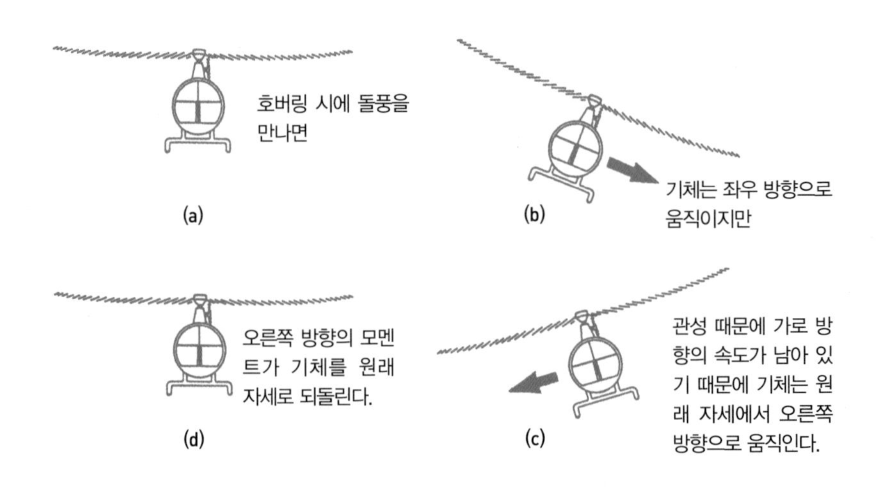

제 3 장

헬리콥터 로터의 구조

블레이드의 개수와 크기

양력을 낳는 부분(주날개)을 비행기에서는 고정 날개라고 하는데, 헬리콥터에서는 로터(회전 날개)라고 부른다. 그림 3-1

블레이드의 개수 로터는 블레이드 그림 3-2 몇 개로 구성된다. 가령 그림 3-1에서는 블레이드가 4개이지만, 그 밖에도 2개, 3개 혹은 5~7개인 메인 로터도 있다. 로터에 작용하는 하중이나 운동은 매우 복잡하다. 그래서 블레이드에는 당대의 최첨단 설계·개발 기술이 동원된다.

블레이드 앞쪽을 앞전, 뒤쪽을 뒷전, 블레이드의 끝단을 날개 끝단이라고

그림 3-1 로터의 구성

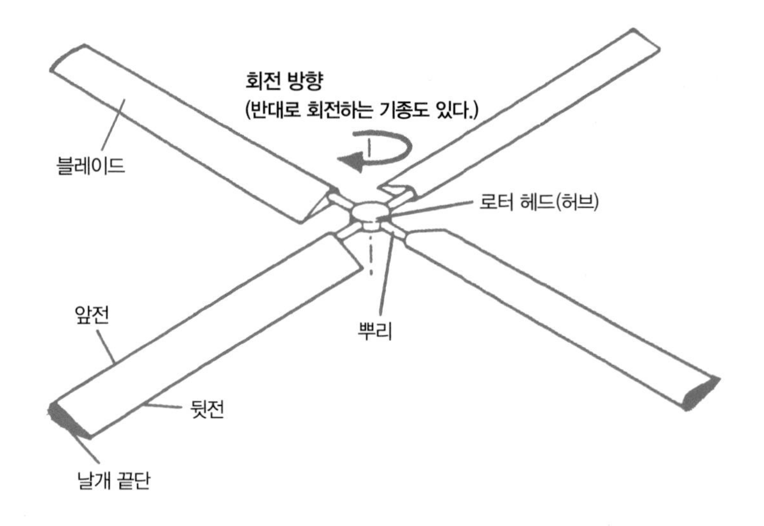

그림 3-2 로터 블레이드의 모습

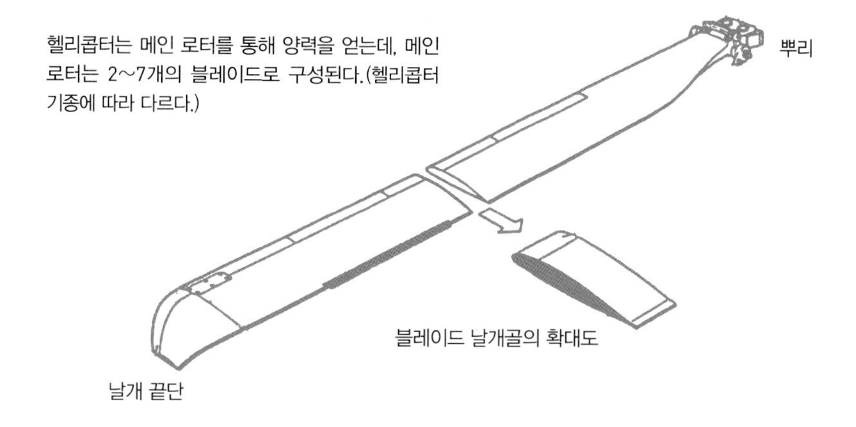

한다. 뿌리는 로터 헤드(또는 허브라고 부른다.)와 결합되어 있다. 로터 헤드는 회전축에 접속돼 있으며, 엔진의 구동력으로 돌아간다.

로터의 지름 로터의 지름은 기종에 따라 다르다. 소형 헬리콥터는 10미터 전후로, 소형 단발 고정익기의 날개폭과 거의 일치한다. 중형 헬리콥터는 12미터 전후로, 소형 쌍발 고정익기(6~10인승)의 날개폭과 거의 일치한다.

대형 헬리콥터는 16미터 전후로, 소형 커뮤터기(14~16인승)의 날개폭과 동일하다. 그런데 30인승 대형 헬리콥터의 로터 지름은 18~19미터인 데 비해 30인승 비행기(고정익기)의 날개폭은 21미터 이상이다. 이것은 시위선그림 2-15 참조이 다를 뿐만 아니라(고정익기의 시위선이 블레이드보다 크다.) 로터는 블레이드가 4~7개인 데 비해 고정 날개는 좌우 2개밖에 없는 등 여러 가지 요인이 결합된 결과다. 요컨대 승객 수를 기준으로 본 로터 지름과 비행기의 날개폭이 반드시 일치하지는 않는다.

메인 로터의 구조 그림 3-3은 헬리콥터 주요 부분의 명칭이다. 이 가운데 메인 로터와 테일 로터는 엔진과 함께 헬리콥터의 심장이라 할 수 있다. 한편 그림 3-4는 그림 3-3을 봐서는 이해하기 어려운 메인 로터와 테일 로터, 엔진 등의 상호 관계를 간략히 표현해놓았다.

엔진의 구동력은 프리휠 클러치를 통해 트랜스미션의 감속 기어로 전달된다. 트랜스미션은 엔진의 회전 속도를 감속할 뿐만 아니라 메인 로터와 테일 로터를 구동한다. 메인 로터의 블레이드는 앞에서 이야기했듯이 비행기의 주날개와 거의 같은 날개골을 갖고 있으며, 이것이 회전하면 블레이드에 (위로 향하는) 양력이 발생해 헬리콥터를 띄운다.

그림 3-3 헬리콥터의 구조

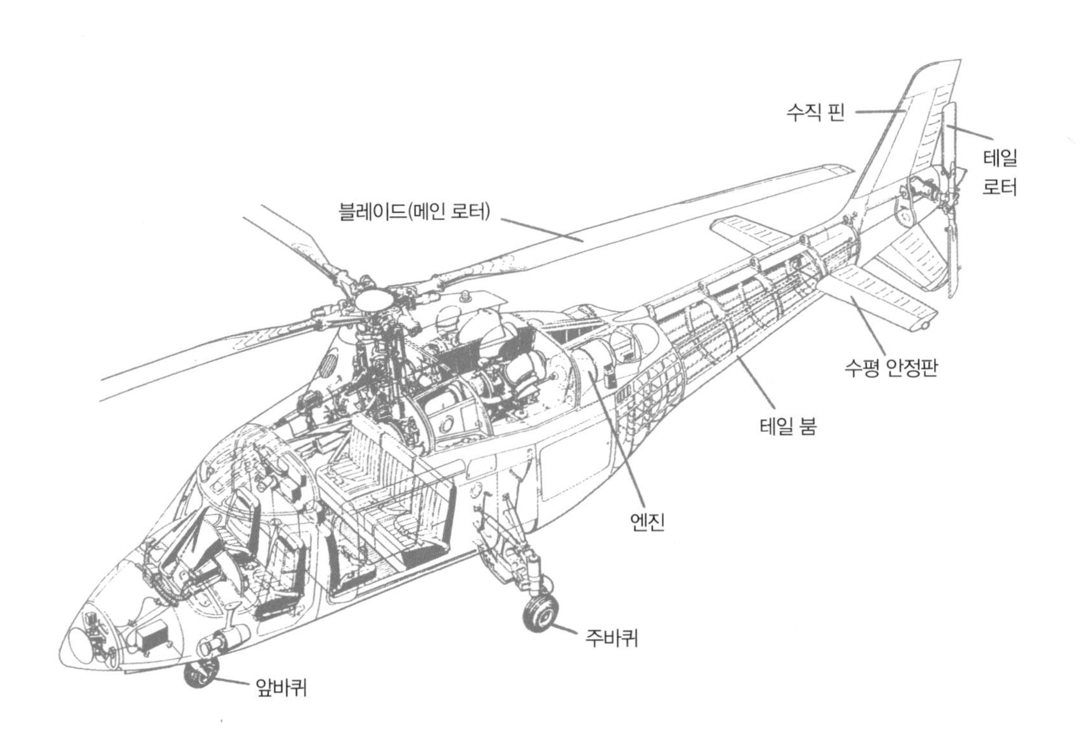

그림 3-4 동력 전달계의 개념도

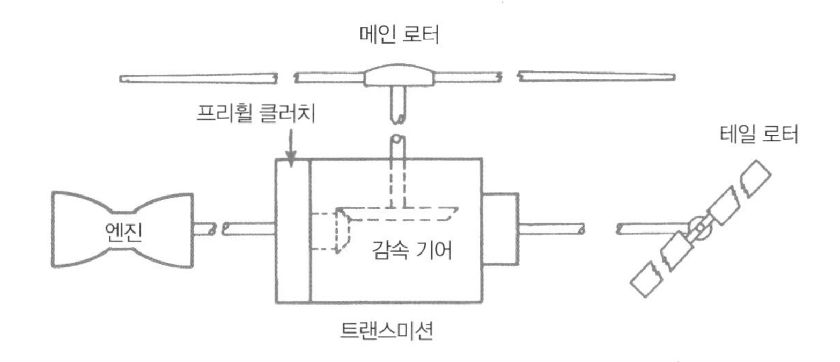

블레이드에 작용하는 세 가지 하중 헬리콥터 블레이드에 작용하는 하중은 비행기의 주날개나 프로펠러에 작용하는 것과는 다르다. 로터가 회전해 헬리콥터가 공중에 뜨면 각각의 블레이드에 세 가지 운동이 발생한다.

바로 플래핑(flapping) 힌지(X축)를 중심으로 회전하는 운동과 페더링(feathering) 힌지(Y축)를 중심으로 회전하는 운동, 드래그 힌지(Z축)를 중심으로 회전하는 운동이다. 그림 3-5 드래그 힌지의 운동을 뜻하는 드래깅(dragging)은 리드 래그(lead-lag) 운동이라고도 한다.

블레이드가 이렇게 움직이는데, 그 하중을 견디지 못한다면 헬리콥터는 제 기능을 발휘할 수 없다. 이 운동이 원활히 발생하도록 전관절형, 반관절형, 무관절형, 무베어링형 등의 로터가 설계 · 개발됐다.

전관절형 로터 세 가지 힘에 대응해 각각의 운동을 할 수 있도록 만든 로터를 전관절형 그림 3-6 이라고 한다. 즉, 블레이드가 세 축을 중심으로 회전할 수 있도록 만든 형식이다.

그림 3-5 블레이드의 세 가지 운동

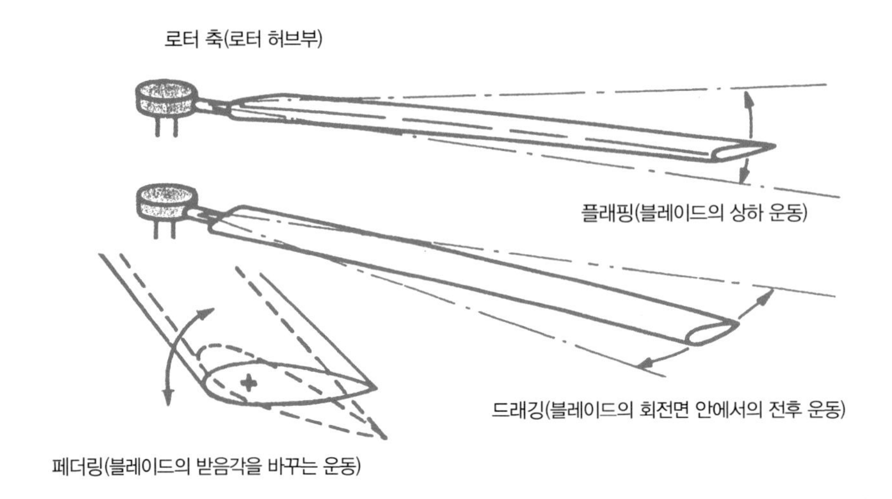

그림 3-6 전관절형 로터의 힌지 구성

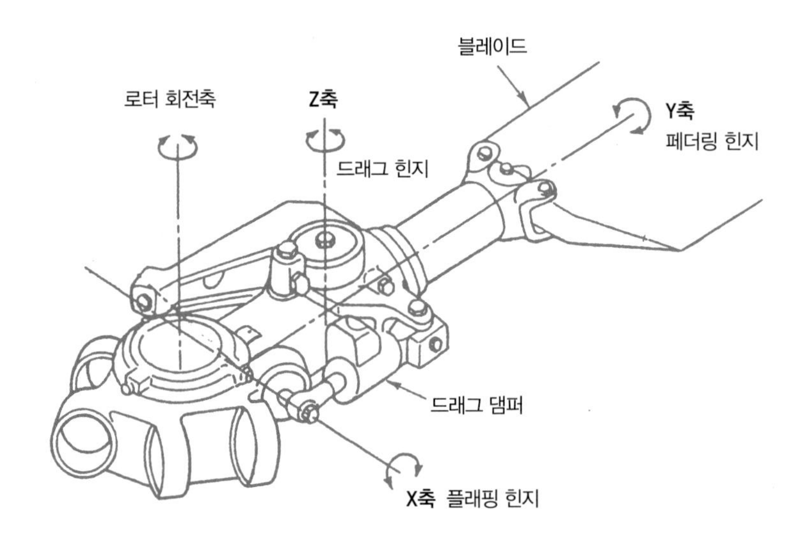

그림 3-7 전관절형 로터의 개략도

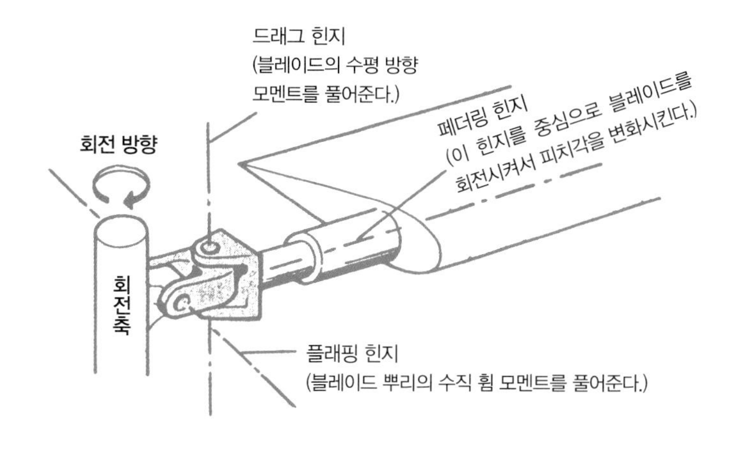

드래그 힌지에는 댐퍼가 부착돼 있어서 블레이드의 드래깅 운동을 감쇠한다. 그림 3-7은 페더링 힌지, 플래핑 힌지, 드래그 힌지를 쉽게 이해할 수 있도록 전관절형 로터를 간략히 표현한 것이다.

반관절형 로터 앞에서 소개한 세 축 가운데 드래그 힌지가 없는 것을 반관절형이라고 한다. 대표적인 예가 2엽 블레이드 로터로, 양쪽 블레이드를 일체화해 동일한 플래핑 힌지로 지탱하는 시소형이다. 그림 3-8

반관절형의 경우, 페더링 힌지를 통해 Y축을 중심으로 블레이드 2개가 동시에 페더링 운동을 하며, 힌지의 X축을 중심으로 플래핑 운동을 한다. 다만 이 형식의 로터는 드래깅 운동을 할 수 없기 때문에 블레이드 자체의 휘어짐으로 대응한다. 반관절형 로터는 전관절형에 비해 로터의 기구가 단순하기 때문에 대부분의 초기 소형 헬리콥터에 쓰였다.

그림 3-8 반관절(시소)형 로터

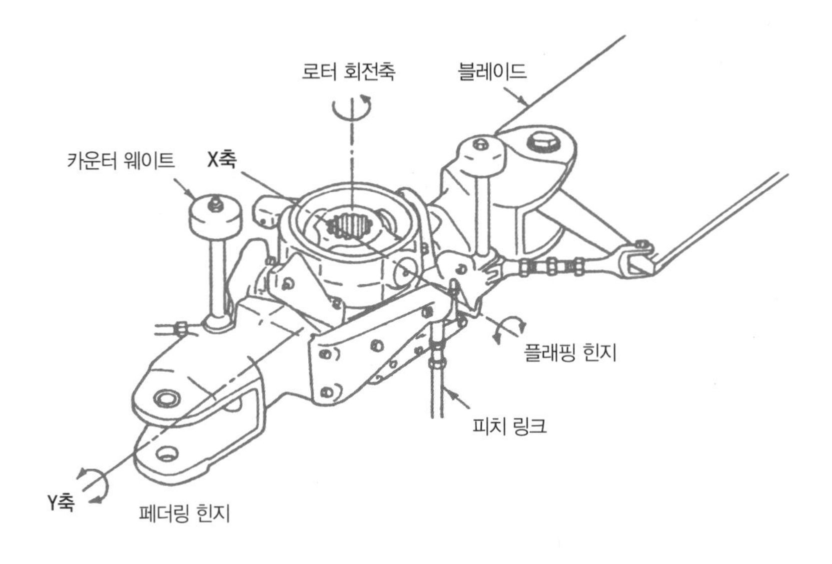

무관절형 로터 다른 힌지가 전혀 없고, 페더링 힌지만 있는 형식을 무관절형이라고 한다. 전관절형 로터에 비해 구조가 간소한 것이 장점이다. 다만 플래핑 힌지와 드래그 힌지가 없는 까닭에 블레이드 뿌리에 커다란 휨 모멘트가 가해진다. 또한 안정성도 좋지 않고 진동도 발생한다. 그래서 좀처럼 실용화하지 못했는데, 블레이드 재질이 점점 발전해서 1960년대부터 쓰였다.

무관절형 로터의 허브(로터의 중심 부분에 있는 구조로, 로터를 엔진 구동축과 연결하는 부분)는 로터 스타(rotor star)와 그립으로 구성되며, 페더링 힌지 말고는 힌지가 없다.

그림 3-9 (a)를 보자. 이 허브에는 기계적인 힌지가 없다. 그 대신 다음에 설명할 이너 슬리브(inner sleeve)를 이용하거나 복합 재료(169쪽 참조)의 휘어짐을 활용해 실질적인 플래핑, 페더링, 드래깅 운동을 가능케 한다.

그림 3-9 (b)는 그림 3-9 (a)를 자세히 들여다본 것이다. 그림에서 이너 슬

그림 3-9 (a) 무관절형 로터

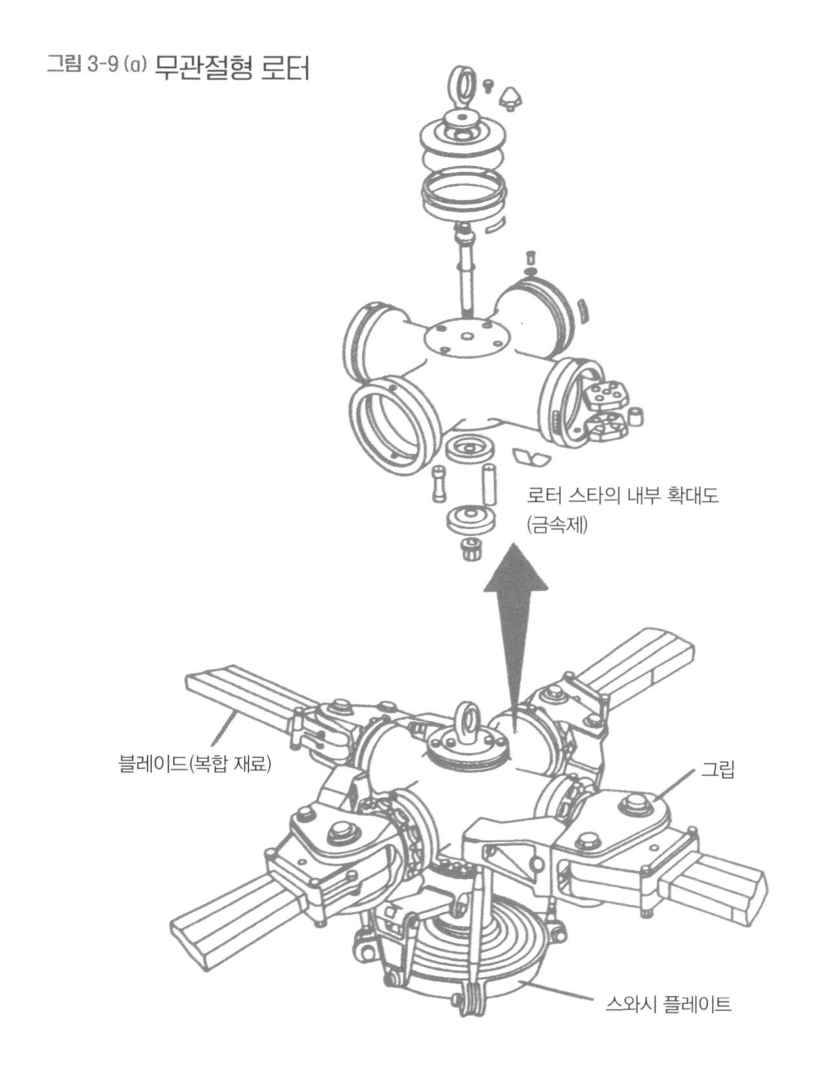

리브는 로터 블레이드의 받음각을 제어하는 페더링 힌지의 역할을 하는 동시에 블레이드에서 발생하는 양력을 로터 헤드에 전달한다. 텐션 토션 스트랩(tension-torsion strap)은 회전하는 로터 블레이드의 원심력에 따른 응력을 지탱한다. 또 페더링 운동을 가능케 하려고 비틀림 방향이 유연하게 설계돼 있다.

각 텐션 토션 스트랩의 한쪽 끝은 로터 헤드 안에 있는 상하 쿼드러플 너트

그림 3-9 (b) 무관절형 로터의 구성

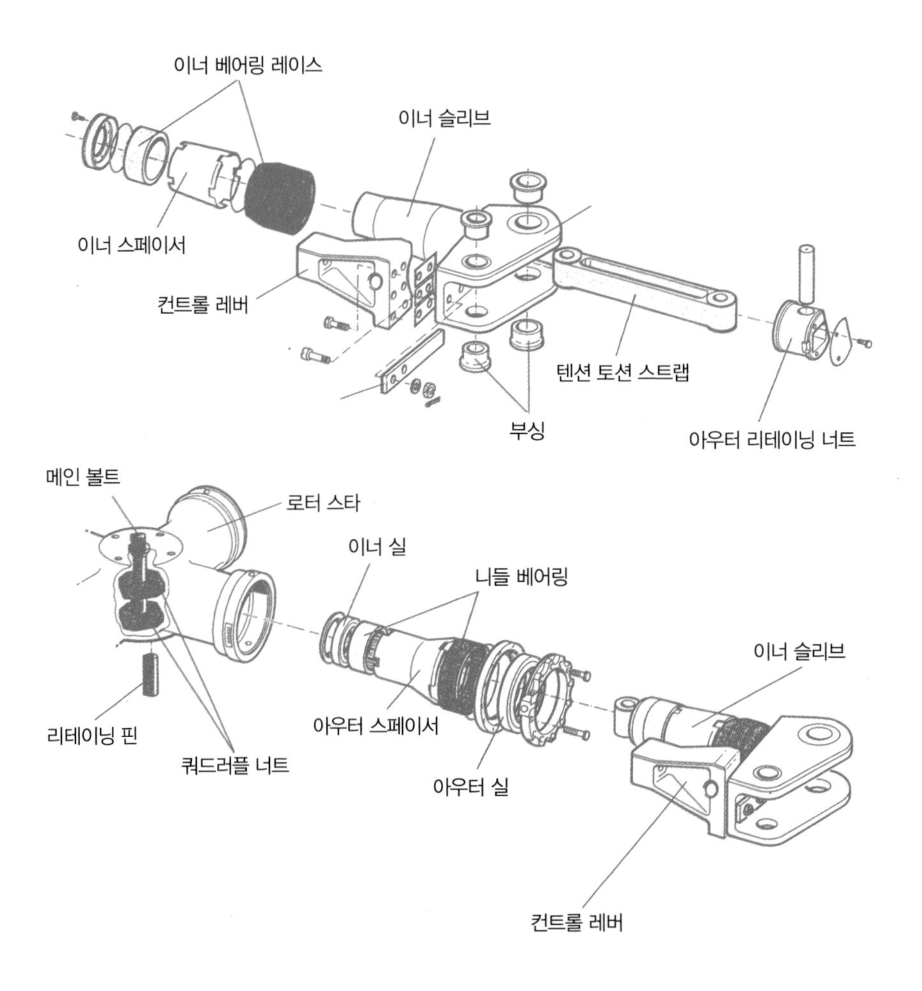

를 관통하는 리테이닝 핀(retaining pin)으로 고정돼 있으며, 다른 쪽 끝은 이너 슬리브에 아우터 리테이닝 너트(outer retaining nut)로 고정돼 있다.

드래깅 운동과 플래핑 운동은 허브를 통해 직접 트랜스미션이나 기체 구조에 전달되는데, 이 운동(하중)을 그대로 받으면 블레이드나 기체 구조가 견뎌내지 못한다. 그래서 금속제 블레이드를 복합 재료로 교체해서 이 문제를 해결한다. 복합 재료는 휘어짐이나 부식에 강하기 때문에 요즘은 대부분의 로터(메인 로터, 테일 로터 모두)가 복합 재료를 쓴다. 블레이드가 휘어지기 때문에 마치 드래그 힌지와 플래핑 힌지가 달려 있는 것 같은 움직임을 보인다.

무베어링형 로터 힌지에는 베어링이 있는데, 이 베어링이 마모되거나 불붙는 일이 없으려면 정기적으로 윤활유를 점검, 보충해줘야 한다. 또한 힌지를 없애면 그만큼 로터의 중량이 경감되고 안전성이 향상되며, 항력이 감소하고 구조가 단순해질 뿐만 아니라 수명이 증가하는 등 여러 가지 이점이 생긴다. 그래서 기술자들은 모든 힌지를 없애는 게 목표였는데, 이 꿈을 실현한 것이 무베어링형 로터그림 3-10 다.

이 로터의 경우, 부품 대부분이 복합 재료로 만들어진다. 따라서 메인 로터의 세 축을 중심으로 한 운동은 기계적인 힌지를 사용하지 않고, 복합 재료로 만든 요크(yoke)의 탄성 변형만으로 전부 이뤄진다.

그림 3-10 무베어링형 로터

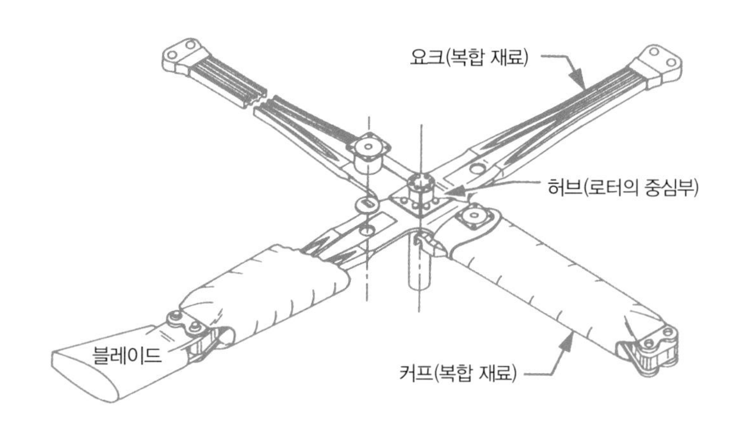

엘라스토메릭 베어링 통상적인 베어링에는 많은 단점이 있다. 그래서 엘라스토메릭 베어링(elastomeric bearing)이 개발됐다.그림 3-11 이것은 등롱 같은 구조다. 등롱의 종이 부분은 고무, 대나무(뼈대) 부분은 얇은 금속판으로 돼 있으며, 이것을 몇 겹으로 겹쳐놓았다. 고무가 휘어지면(전단 탄성 변형) 일정 각도 범위의 구부러짐을 견뎌낼 수 있으며, 또 얇은 금속판으로 압축 하중을 버틸 수 있다. 물론 여기에는 윤활유가 필요 없다.

엘라스토메릭 베어링은 무관절형 로터의 페더링 힌지를 비롯해 기존 베어링을 사용했던 다양한 부품에 쓰이고 있다. 다만 360도 회전하는 부분에는 사용할 수 없다.

그림 3-11 엘라스토메릭 베어링의 구조

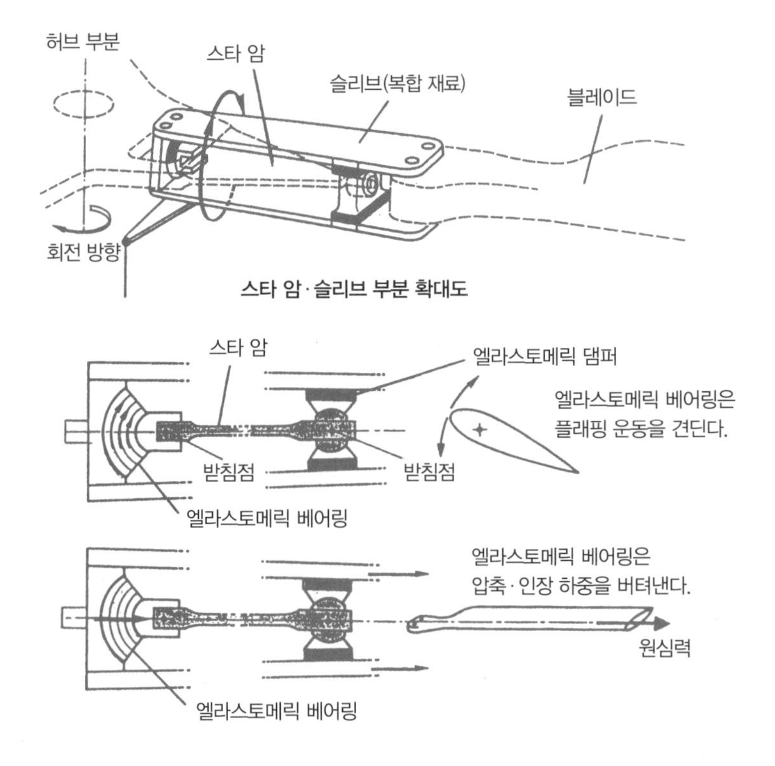

테일 로터

테일 로터의 배치 메인 로터가 회전하면 동체는 그 힘(토크)의 반작용으로 메인 로터의 회전 방향과 반대 방향으로 돌아간다. 이것을 방지하는(안티 토크) 것이 테일 로터그림 3-12 다.

기종에 따라 테일 로터를 배치하는 위치가 약간씩 다르다. 수직 핀의 중앙부근에 부착한 기종그림 3-13 (a) 과 수직 핀의 끝에 배치한 기종그림 3-13 (b)이 있다. 예전에는 그림 3-13 (a)의 위치에 테일 로터를 배치했지만, 회전하는 로터에 사람이 접촉하는 사고를 방지하고자 그림 3-13 (b)와 같이 좀 더 높은 위치에 부착하는 기종이 늘어났다. 다만 구조 문제 때문에 이 위치에 배치할 수 없는 기종도 있다.

그림 3-12 테일 로터의 역할

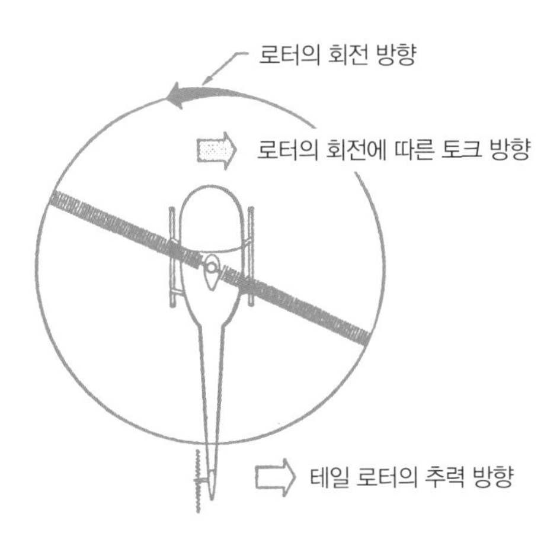

그림 3-13 테일 로터의 위치

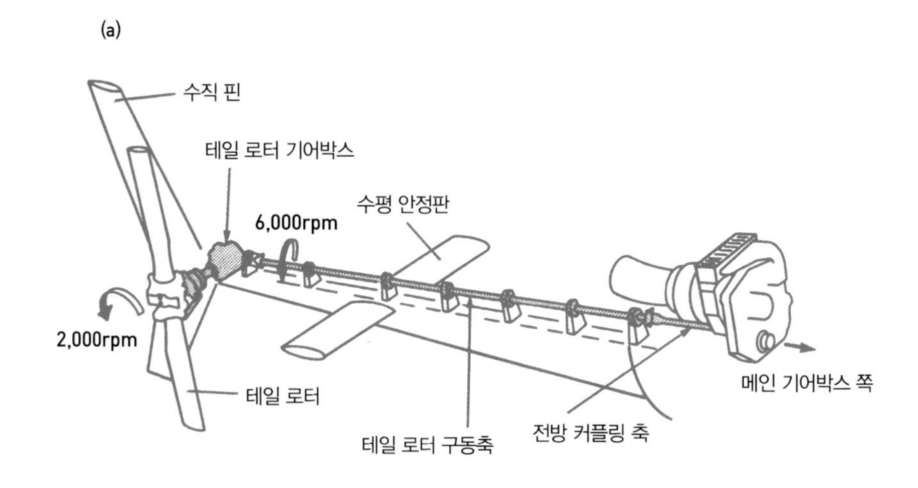

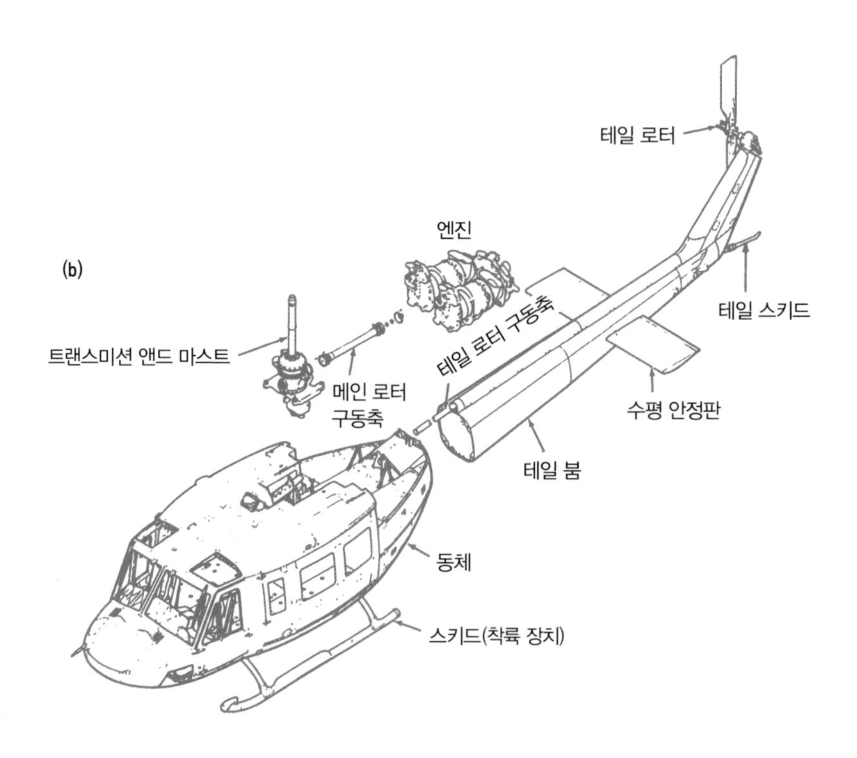

그림 3-14 반관절형 테일 로터의 구조

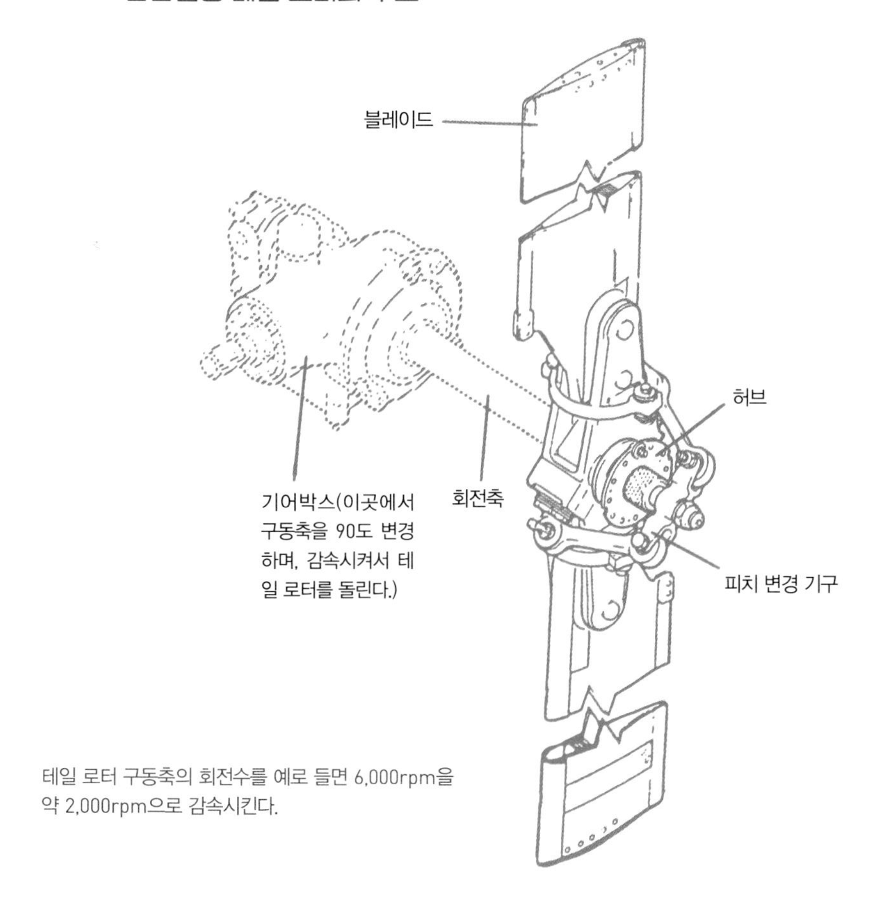

테일 로터의 구조 테일 로터의 구조는 기본적으로 메인 로터와 다르지 않다. 다만 컬렉티브 피치에 따른 변화만 있을 뿐 사이클릭 피치의 움직임은 없다.

중소형 헬리콥터의 경우, 대부분 시소형 로터(2엽 블레이드)를 쓴다. 또 대형 헬리콥터의 경우, 블레이드를 3개 이상 보유한 전관절형 로터 또는 반관절형 로터 그림 3-14 를 사용하는 기종이 많다.

그림 3-15 테일 로터 블레이드의 날개골

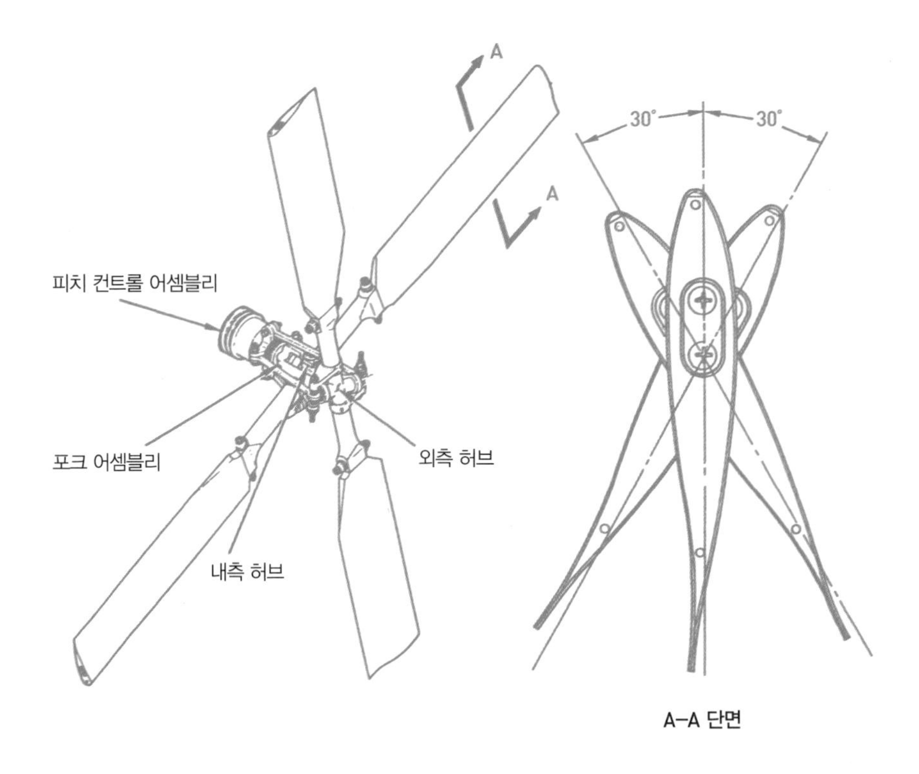

테일 로터의 블레이드에 쓰인 날개골은 메인 로터의 날개골과 거의 같다. 그림 3-15 그리고 조종석의 안티 토크 페달을 조작하면 블레이드의 받음각이 변화한다. 이를 이용하면 테일 로터에서 발생하는 추력을 늘리거나 줄일 수 있다.

테일 로터의 형식 초기의 테일 로터는 외부에 그대로 노출돼 있었다. 그림 3-13 참조 게다가 메인 로터에 비해 위치가 낮았다. 특히 그림 3-13 (a)처럼 낮은 위치에 있으면 사람이 접촉하기 쉬워 위험하다. 또한 헬리콥터 소음이나 기체 항력을 줄일 수 있다는 이유에서도 테일 로터의 개량이 시급했다. 그 결

그림 3-16 페네스트론(유로콥터 EC135)

메인 로터의 지름 10.2미터, 전체 길이 12.1미터, 동체 전폭 1.56미터, 동체 길이 10.2미터, 전체 높이 3.62미터, 엔진 출력 621축마력×2, 최대 속도 시속 287킬로미터, 실용 상승 한도 6,096미터, 항속 거리 720킬로미터, 최대 중량 2,720킬로그램, 좌석 수 8(파일럿 1명 포함)

그림 3-17 페네스트론의 구조

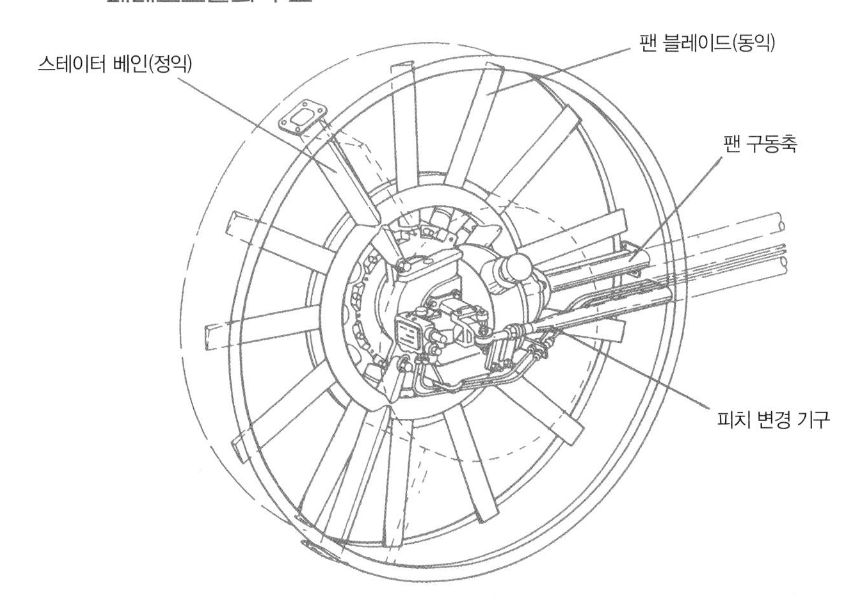

과 나타난 것이 다음에 소개할 유형의 테일 로터다. 다만 일부 기체는 기존 테일 로터를 그대로 쓰고 있다.

페네스트론 수직 핀 속에 팬을 넣은 방식의 테일 로터다.그림 3-16 페네스트론(fenestron)은 수십 개의 팬 블레이드(동익)와 스테이터 베인(정익)으로 구성돼 있으며, 여기에 팬 블레이드를 회전시키는 구동축과 블레이드의 피치를 변경하는 기구가 장착돼 있다.그림 3-17 참고로 페네스트론은 프랑스어로 작은 창을 의미하며, 제조사인 아에로스파시알의 상품명이다.

헬리콥터에서 발생하는 소음 중 대부분은 메인 로터와 테일 로터에서 발생한다. 페네스트론은 그중 테일 로터의 소음을 낮은 수준으로 억제하는 데 성공했다. 처음에는 그다지 소음 저하 효과가 없었지만, 팬 블레이드를 부등 간격으로 배치하고 회전수를 낮추자, 소음 저하에 성공했다. 팬 블레이드를 부등 간격으로 배치하면 각 블레이드에서 발생하는 소음파의 위상이 어긋나 서로 상쇄되며, 이에 따라 소음이 줄어든다.

또 팬 블레이드의 날개 끝 속도를 최대 시속 약 670킬로미터로 낮춘 것도 소음 저하로 이어졌다. 다만 회전 속도를 낮추면 유량(추력)이 저하하기 때문에 이를 보완하려고 페네스트론의 지름을 크게 만들었다.

노타 No Tail Rotor의 약자인 노타(NOTAR)는 이름에서 알 수 있듯 테일 로터(또는 페네스트론)를 없앤 것이다.그림 3-18 엔진 구동으로 팬에서 고속류를 발생시키고, 이를 테일 붐으로 유도해 그 일부를 붐에서 바깥으로 방출한다. 그러면 이 흐름과 테일 붐을 우회하는 메인 로터의 하강 기류가 합쳐져 서큘레이션 제트가 되며, 그 결과 테일 붐에 양력이 발생한다.그림 3-19 나머지 고속류는 테일 붐의 꼬리 끝에서 다이렉트 제트가 된다. 서큘레이션 제트와 다이렉트 제트가 안티 토크로 작용하는 것이다.

그림 3-18 노타(MD900)

메인 로터의 지름 10.3미터, 전체 길이 11.84미터, 동체 전폭 1.62미터, 동체 길이 9.86미터, 전체 높이 3.66미터, 엔진 출력 629축마력×2, 최대 속도 시속 250킬로미터, 실용 상승 한도 6,096미터, 항속 거리 602킬로미터, 최대 이륙 중량 2,722킬로그램, 좌석 수 8(파일럿 1명 포함)

그림 3-19 노타의 구조

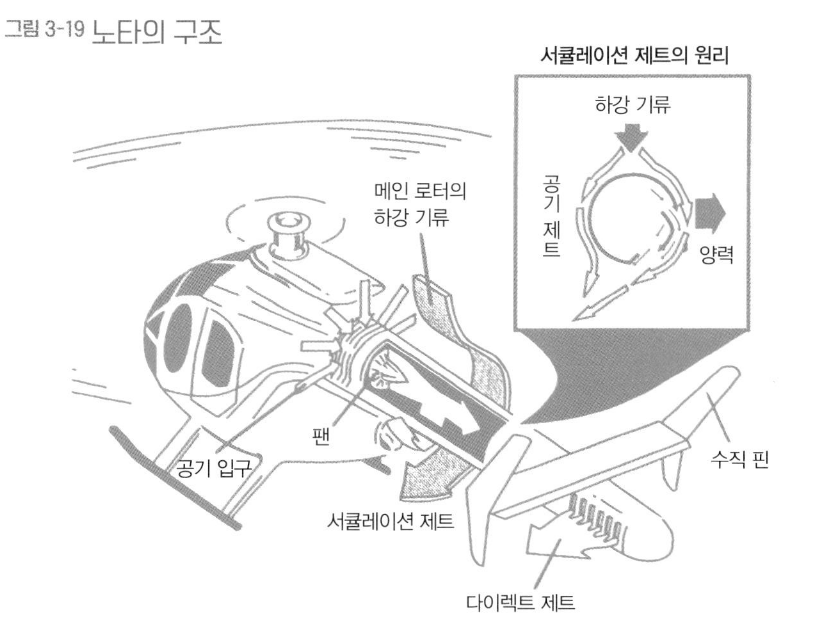

호버링을 할 경우, 서큘레이션 제트와 다이렉트 제트가 안티 토크를 반반씩 부담하지만, 전진 비행을 해서 속도가 시속 40~90킬로미터에 이르면 다이렉트 제트만 안티 토크로 작용한다.

서큘레이션 제트는 코안다 효과를 이용한다. 코안다 효과란 예를 들어 수도꼭지에서 똑바로 떨어지는 물줄기에 스푼의 볼록한 면을 가까이 가져가면 스푼이 물줄기에 끌려 들어가면서 물줄기가 스푼의 볼록한 면을 따라 흐르는 현상이다. 그러나 이 효과는 직진 속도가 빨라질수록 점점 사라지는데, 그 대신 전진 속도가 더 빨라지면 수직 안정판(핀)에 흐르는 기류가 강해지므로 헬리콥터는 똑바로 비행할 수 있다. 엔진 구동으로 돌아가는 팬의 회전수가 적어도 되므로 결과적으로 엔진의 연료 소비를 줄일 수 있다.

호버링할 때의 블레이드 운동

코닝 공중의 한 점에서 정지한 채 떠 있는 상태를 호버링이라고 한다. 이는 헬리콥터 특유의 비행 상태다. 헬리콥터가 지상에 착륙한 상태이고 로터가 회전하지 않고 있다면, 블레이드는 자신의 무게 때문에 아래로 처진다. 그러나 로터가 회전하면 블레이드는 원심력의 작용으로 로터 축과 거의 직각을 이룬다. 그림 3-20 (a)

또 헬리콥터가 위로 떠오르는 동안에는 블레이드에 원심력 말고도 양력이 발생하기 때문에 블레이드가 위쪽으로 플래핑해 역원뿔을 형성한다. 이 현상을 코닝(coning)이라고 한다. 그림 3-20 (b)

그림 3-20 메인 로터의 코닝

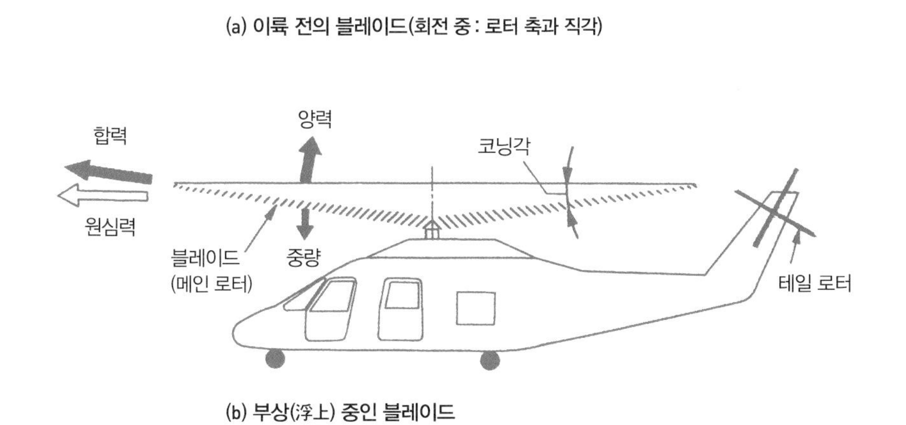

이때 원뿔의 밑면과 블레이드의 빗면이 이루는 각을 코닝각이라고 한다. 코닝각의 크기는 원심력과 양력의 균형에 따라 결정되며, 합력의 방향과 같다.

헬리콥터 중량은 같은데 로터 회전수가 감소하면 원심력이 감소하므로 코닝각은 커진다. 한편 로터 회전수는 같은데 헬리콥터가 가벼워지면 작은 양력으로도 충분하다. 따라서 코닝각도 작아진다.

전관절형 로터의 경우, 블레이드가 코닝각에 맞춰서 플래핑 힌지를 중심으로 올라가거나 내려가므로 블레이드 자체에 휨 모멘트가 발생하지 않는다. 한편 반관절형과 무관절형 로터의 경우, 코닝각의 변화에 맞춰 블레이드를 올리거나 내릴 수가 없다. 그래서 처음부터 가장 자주 발생하는 비행 상태의 코닝각에 맞춰 블레이드가 약간 위를 향하도록 로터 허브에 부착한다. 그 밖의 비행 상태에서는 허브 또는 블레이드를 휘어지게 해서 코닝각에 변화를 준다.

그림 3-21 메인 로터의 드래그각

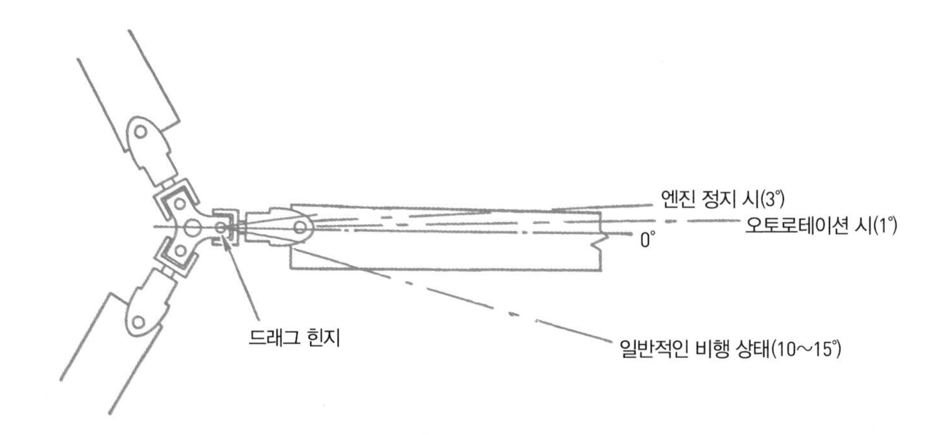

드래깅 블레이드가 드래그 힌지를 중심으로 운동하는 행정을 드래깅이라고 하며, 그 크기(각도)를 드래그각이라고 부른다. 드래그각의 크기는 로터의 운동과 비행 상태에 따라 달라진다. 그림 3-21 가령 엔진 시동 시에는 기동 토크 때문에 블레이드의 뒤짐각(lag angle)이 25도 정도이며, 일반적인 비행 상태에서는 블레이드의 항력과 원심력의 관계 때문에 뒤짐각이 10~15도다.

한편 엔진이 정지했을 때는 회전축에 제동이 걸리지만 블레이드 자체의 관성 때문에 3도 정도의 리드각(lead angle)을 형성한다. 참고로 무관절형 로터의 경우, 드래그 힌지가 없기 때문에 블레이드 자체의 탄성을 이용해 앞뒤로 휘어진다.

전진 비행을 할 때의 블레이드 운동

플래핑 헬리콥터가 호버링을 하고 있을 때, 로터의 뿌리 부근과 중간 부분, 끝단에서 각각 로터 블레이드의 회전 속도가 다르다. 그림 3-22 (a) 공기역학적으로 특별히 문제가 있는 현상은 아니다.

그런데 헬리콥터가 시속 100마일(시속 약 160킬로미터)의 속도로 전진 비행을 하면 로터 각 부분의 회전 속도는 그림 3-22 (b)처럼 된다. 다시 말해 오른쪽 90도 위치에서는 로터 끝단의 속도가 로터의 회전 속도에 헬리콥터의 전진 속도를 더한 시속 500(400+100)마일이 되며(이 오른쪽 절반 부분에 위치하는 로터를 전진익이라고 한다.) 왼쪽 90도 위치에서는 로터의 회전 속도에서 헬리콥터의 전진 속도를 뺀 시속 300(400-100)마일이 된다.(이 왼쪽 절반 부분에 위치하는 로터를 후퇴익이라고 한다.) 즉, 기류 속도는 오른쪽 90도 위치의

그림 3-22 **메인 로터의 상대 속도**

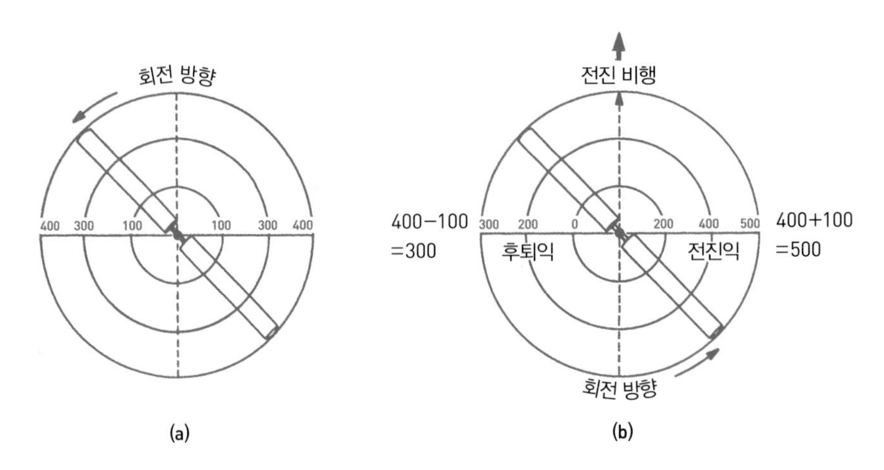

전진익에서 최대가 되며, 왼쪽 90도 위치의 후퇴익에서 최소가 된다.

이때 전진익과 후퇴익의 받음각이 같다면 양력 발생의 메커니즘에 따라 전진익 쪽의 양력이 커지고 후퇴익 쪽의 양력이 작아진다. 이렇게 되면 헬리콥터는 옆으로 쓰러져버린다. 그래서 메인 로터(블레이드)의 플래핑이 필요하다. 전진익 쪽에서는 양력이 증가하기 때문에 블레이드가 플랩 업(flap up)해서 올라가는데, 그 결과 받음각이 작아져서 양력이 감소한다. 한편 후퇴익 쪽에서는 양력이 감소하기 때문에 블레이드가 플랩 다운(flap down)해 내려가며, 그 결과 받음각이 커져서 양력이 증가한다. 그림 3-23 (b)

그림 3-23 메인 로터의 플래핑

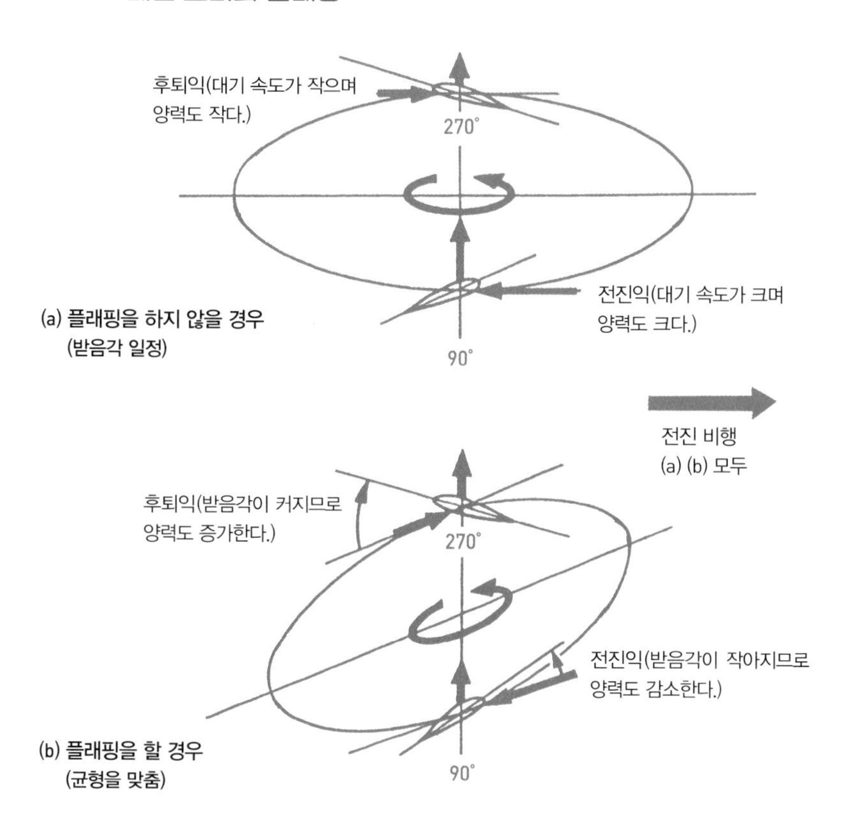

이와 같이 헬리콥터의 블레이드는 플래핑을 통해 전진익 쪽과 후퇴익 쪽의 블레이드에 발생하는 양력의 균형을 맞춰서 비행을 안정시킨다.

사이클릭 페더링 사이클릭 피치를 조작해도 이와 같은 플래핑이 가능하다. 헬리콥터가 호버링 상태에서 전진·횡진·후진 등의 비행을 할 경우, 사이클릭 피치 스틱을 원하는 방향으로 조종하면 로터의 회전면이 기울어져서 헬리콥터가 그 방향으로 나아간다. 가령 전진 비행을 할 때는 먼저 사이클릭 피치 스틱을 전방으로 조작한다. 그러면 로터의 회전면이 기울어진다. 그림 3-24 이때 앞에서 이야기했듯이 블레이드의 플래핑 덕분에 전진익과 후진익의 양력이 균형을 이루는데, 이와 동시에 전진익 쪽의 받음각을 작게 하고(양력 감소) 후퇴익 쪽의 받음각을 크게 하는(양력 증가) 주기적인 페더링 운동이 양력의 균형을 잡는다.

자이로스코픽 프리세션 자이로스코프(gyroscope)는 일종의 팽이다. 이것을 두 축 혹은 세 축의 짐벌(gimbal)로 지탱하고 화살표 방향으로 고속 회전시킨다고 가정하자. 그림 3-25 (a)

이때 그림 3-25 (b)와 같이 F_1에 힘을 가하면, 힘이 가해진 점에서 회전 방향으로 90도 이동한 위치에 같은 크기의 힘 P가 작용한다. 그래서 자이로스코프 축 $X-X_1$은 그림처럼 기운다. 이것이 자이로스코픽 프리세션(gyroscopic precession)이라고 부르는 운동이다.

회전 중의 로터는 자이로스코프와 다름없기 때문에 자이로스코픽 프리세션이 발생한다. 즉, 그림 3-26의 A점에서 받음각이 감소했음에도 그 효과가 나타나는 곳은 A점으로부터 90도 회전한 B점이며, 이 위치에 온 블레이드가

그림 3-24 메인 로터의 경사와 양력이 발생하는 방향

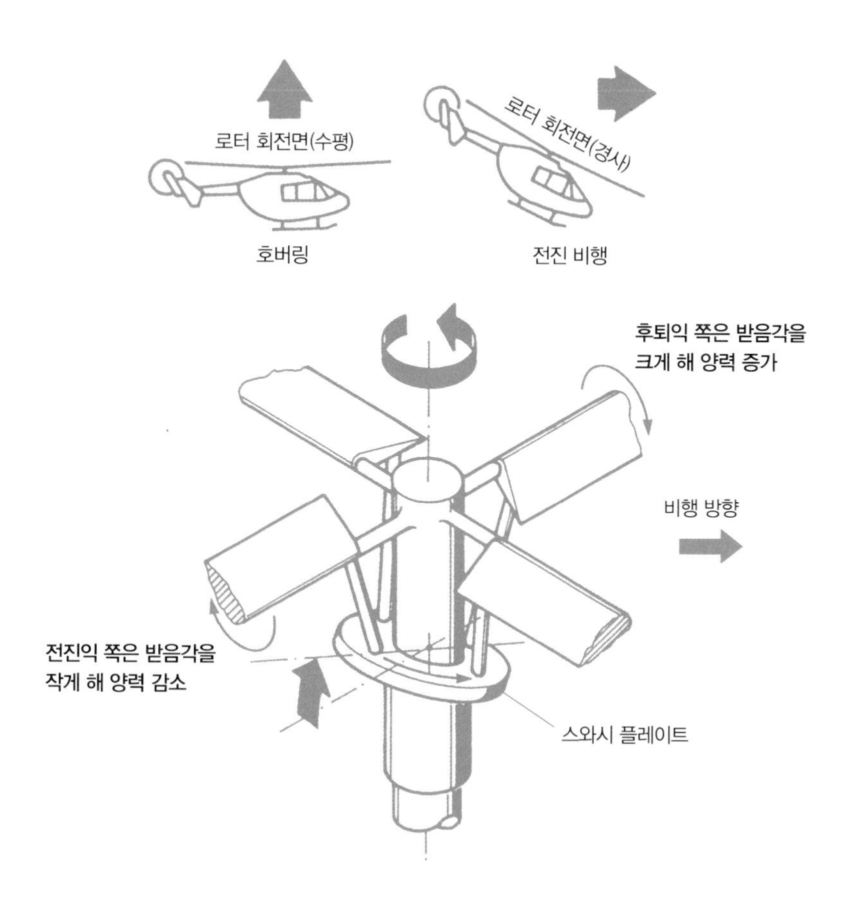

그림 3-25 자이로스코픽 프리세션

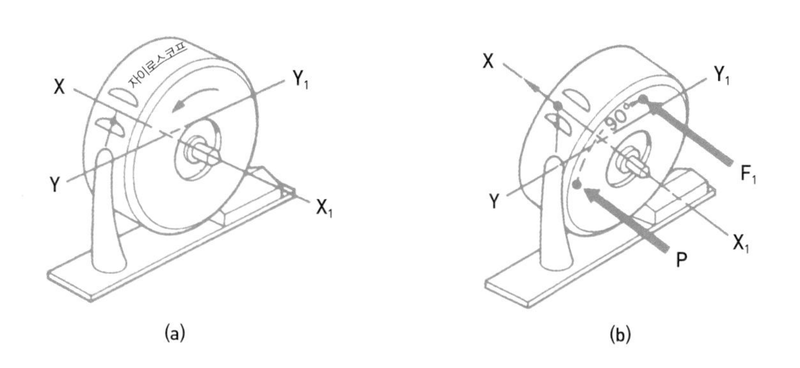

그림 3-26 메인 로터의 프리세션

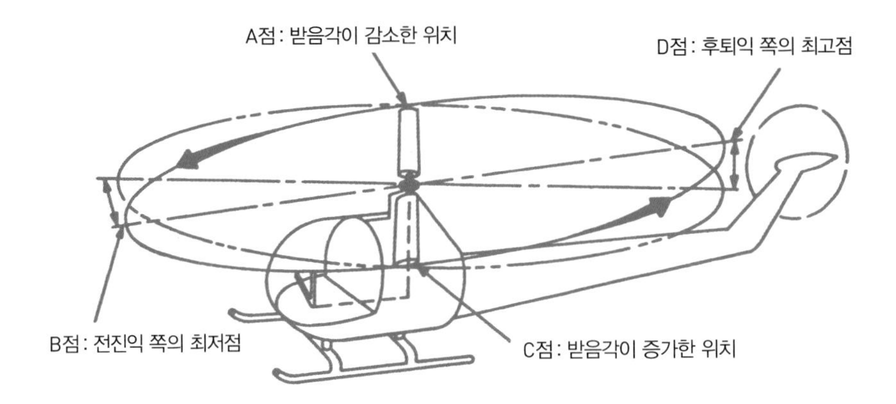

최저점이 된다. 반대로 C점에서 받음각이 커져도 블레이드는 그 점으로부터 90도 회전한 D점에서 최고점에 도달한다.

코리올리 힘 블레이드가 코닝이 된 상태에서 그 면이 기울면, 블레이드는 드래그 힌지를 중심으로 운동한다. 로터의 회전면이 회전축에 대해 일정 각도만큼 기울어져서 회전하고 있다고 가정하자.그림 3-27 이때 전진익 쪽 블레이드의 F점에 있는 무게중심은 f에서 f′로 이동한다. 이것은 F점에서 블레이드의 속도가 최대이기 때문에 회전중심(허브)과 가까워진 것이다. 한편 블레이드의 속도가 최소가 되는 후퇴익 쪽 S점에서는 무게중심의 위치가 s에서 s′로 이동한다. 즉, 회전중심으로부터 멀어진다.

공기력의 변화가 없다면 회전 중인 블레이드의 각운동량은 모든 회전 위치에서 일정해야 한다.(각운동량 보존 법칙) 그러므로 F점의 속도는 블레이드의 무게중심과 회전중심의 거리가 짧아진 만큼 빨라진다. 한편 S점의 속도는 블

그림 3-27 메인 로터 블레이드의 무게중심 위치

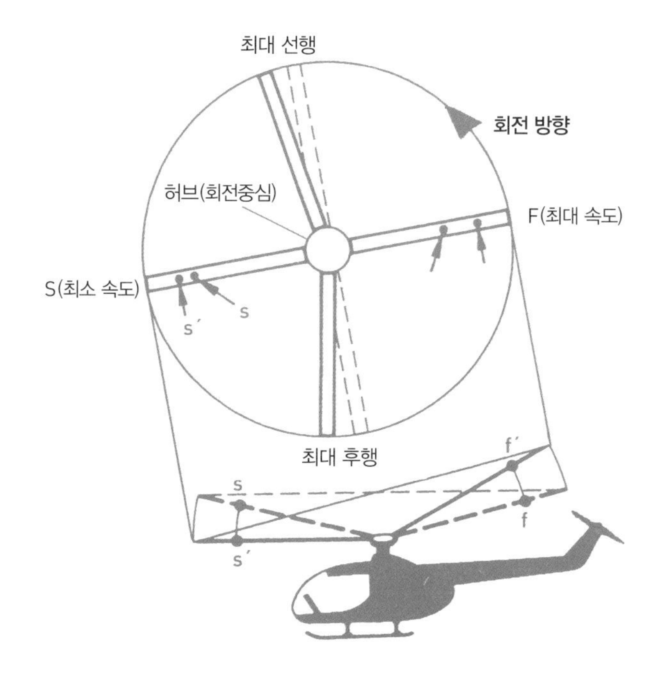

레이드의 무게중심과 회전중심의 거리가 길어진 만큼 느려진다.

이와 같은 블레이드의 속도 차이를 만들어내는 힘을 코리올리 힘이라고 한다. 피겨 스케이팅에서 스핀을 할 때 좌우로 뻗었던 팔을 모으면 회전 속도가 빨라지는 것도 코리올리 힘 때문이다. 다만 이 현상은 로터 블레이드가 코닝 상태일 때만 발생하며, 코닝각이 제로일 때는 발생하지 않는다.

드래깅의 진동 흡수 코리올리 힘 때문에 로터 블레이드의 뿌리와 로터 헤드(허브)에는 커다란 휨 모멘트가 발생한다. 전관절형 로터의 경우, 드래그 힌지를 만들어서 이 힌지를 중심으로 블레이드가 운동할 수 있게 한다. 이렇게 해서 코리올리 힘에 따른 휨 모멘트를 방지하는 것이다.

무관절형 로터의 경우, 힌지가 없으므로 블레이드의 뿌리 부근에 휨 강성 부분을 만들어서 그 부분의 탄성 변형을 통해 드래깅을 한다. 시소형 로터는 블레이드가 기울어도 블레이드 2개의 무게중심이 시소 힌지선에 위치하도록 만든다.그림 3-28 요컨대 회전면이 기울어도 양쪽 블레이드의 무게중심 위치에 차이가 생기지 않게 해서 코리올리 힘을 방지한다. 이것을 언더 슬링(under sling. 아래로 매달기) 방식이라고도 한다. 또한 드래깅 운동이 계속되지 않도록 댐퍼가 장비돼 있다.그림 3-29

댐퍼에는 엘라스토메릭식(式)과 유압식이 있다. 엘라스토메릭 댐퍼는 엘라스토메릭 베어링과 마찬가지로 고무의 전단 변형을 이용한다. 점성이 높아 적당한 진동 흡수 특성이 있다. 그림 3-30은 엘라스토메릭 댐퍼의 장착 위치와 내부를 보여준다. 댐퍼 안에 있는 엘라스토머(elastomer. 탄성중합체)는 실린더와 안쪽의 축 사이에 삽입된다.

유압식 댐퍼에는 세 종류가 있는데, 그중 한 종류에는 댐퍼 안(실린더)에 오리피스(작은 구멍)가 뚫린 피스톤과 작동유가 들어 있다. 진동이 일어났을 때 작동유가 오리피스를 통해 흐르기 때문에 피스톤이 둔하게 움직이며 최종적

그림 3-28 메인 로터의 언더 슬링

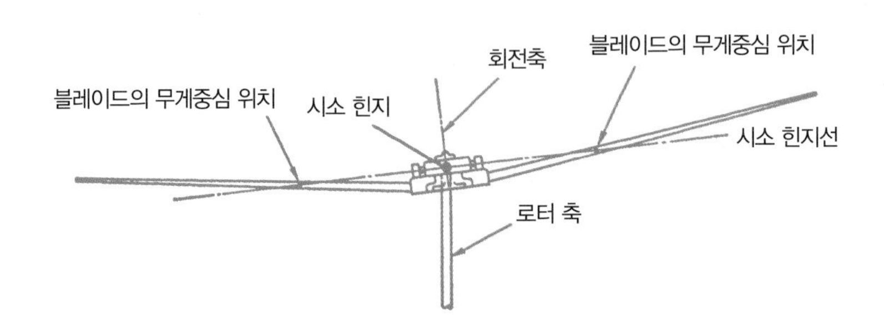

그림 3-29 댐퍼를 이용한 드래깅 방지

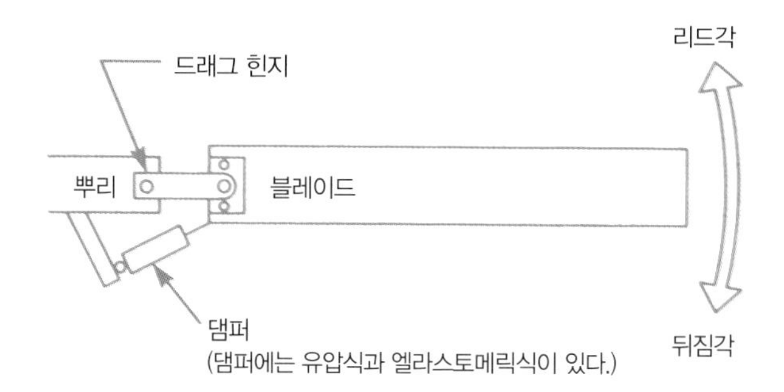

그림 3-30 엘라스토메릭 댐퍼

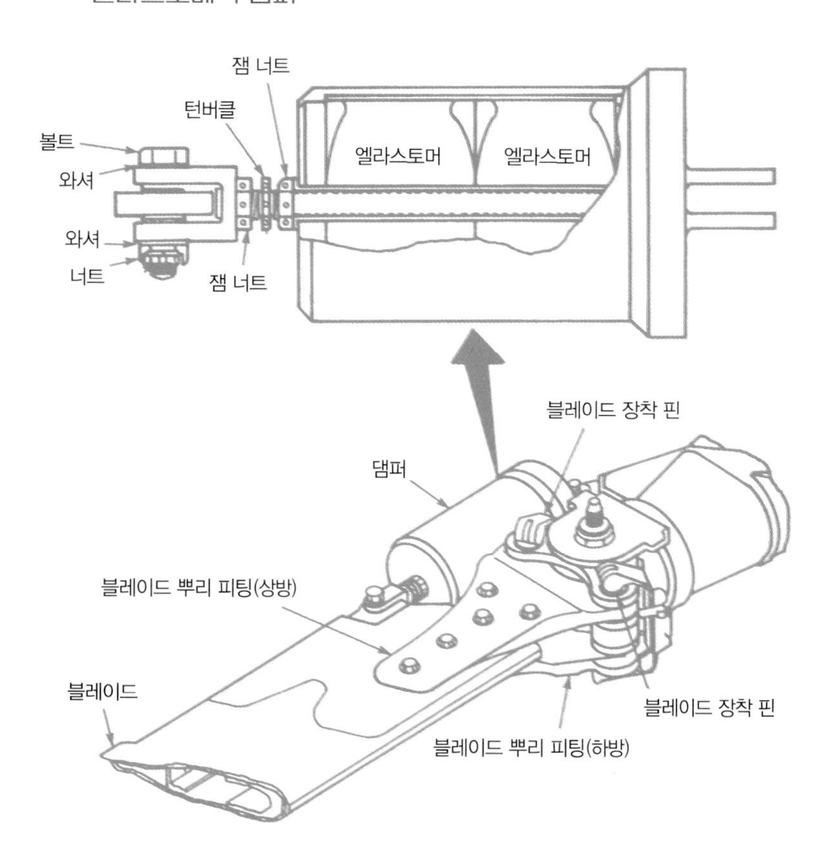

으로는 고착된다.(진동을 멈춘다.)

이상과 같이 회전하는 날개는 비행기의 고정익(주날개)에 비해 매우 복잡한 운동을 한다. 헬리콥터의 첫 비행과 실용화가 비행기보다 30년이나 늦어진 데는 이러한 이유도 있었다.

제 4 장
헬리콥터 시스템의 구조

조종 장치

일부 예외도 있지만, 현재 민간기 조종석은 대형기와 소형기 혹은 비행기와 헬리콥터를 막론하고 병렬 복좌식이다. 따라서 조종 장치도 2개다. 여기에서 말하는 조종 장치는 소형 비행기의 경우 조종간과 방향키 페달을 가리킨다.

비행기 조종 장치는 조종 케이블을 통해 보조날개·승강키·방향키를 움직인다. 조종 장치와 각 키면은 기계적으로 단순하게 연결돼 있기 때문에 키면의 움직임을 통해 비행기가 어떤 운동을 하는지 쉽게 이해할 수 있다.

그런데 헬리콥터의 경우는 비행기처럼 각 키면이 아니라 그 역할을 대신하는 메인 로터나 테일 로터와 연결돼 있기 때문에 매우 복잡하다.

메인 로터와 연결 그림 4-1 (a)는 사이클릭 피치 스틱과 컬렉티브 피치 레버에서 메인 로터까지의 계통을 나타낸 것이다. 한편 (b)는 이를 간략화해 이해하기 쉽게 그린 것이다.

스틱이나 레버를 조작하면 로드를 통해 액추에이터 안의 고압유 밸브를 여닫아, 그 뒤에 위치한 각 로드를 유압으로 조작한다. 로드의 움직임은 링크 기구를 통해 스와시 플레이트(swash plate)에 전달된다. 스와시 플레이트는 스틱의 전후좌우 그리고 레버의 상하 움직임에 대응해 메인 로터의 회전면과 받음각(피치)을 조절한다.

그림 4-2 (a)의 스와시 플레이트 부분을 확대한 것이 그림 4-2 (b)다. 스와시 플레이트는 메인 로터와 함께 회전하는 상부 스와시 플레이트(회전 스타)와

그림 4-1 (a) 조종 장치와 메인 로터의 연결

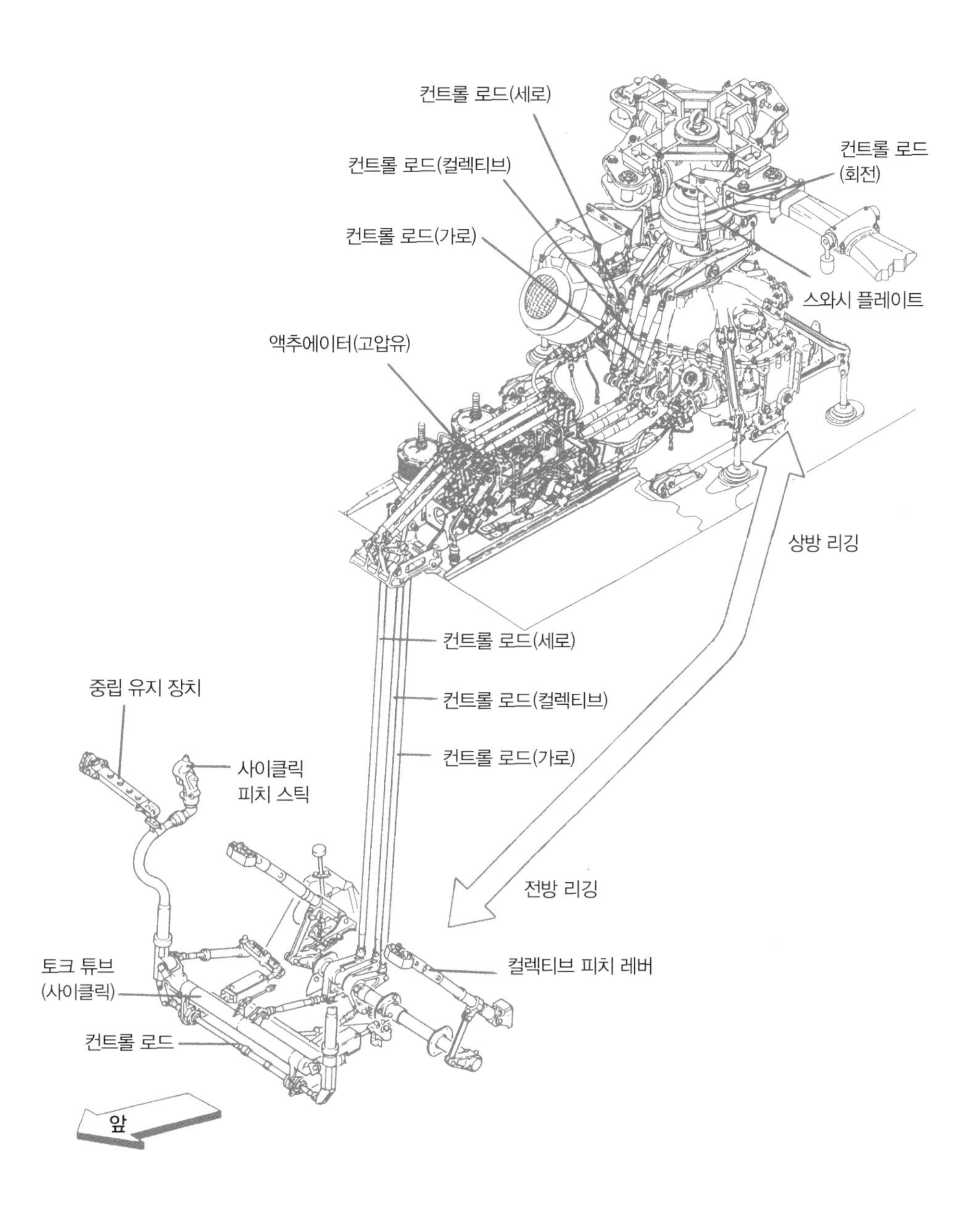

그림 4-1 (b) 조종 장치와 메인 로터의 연결

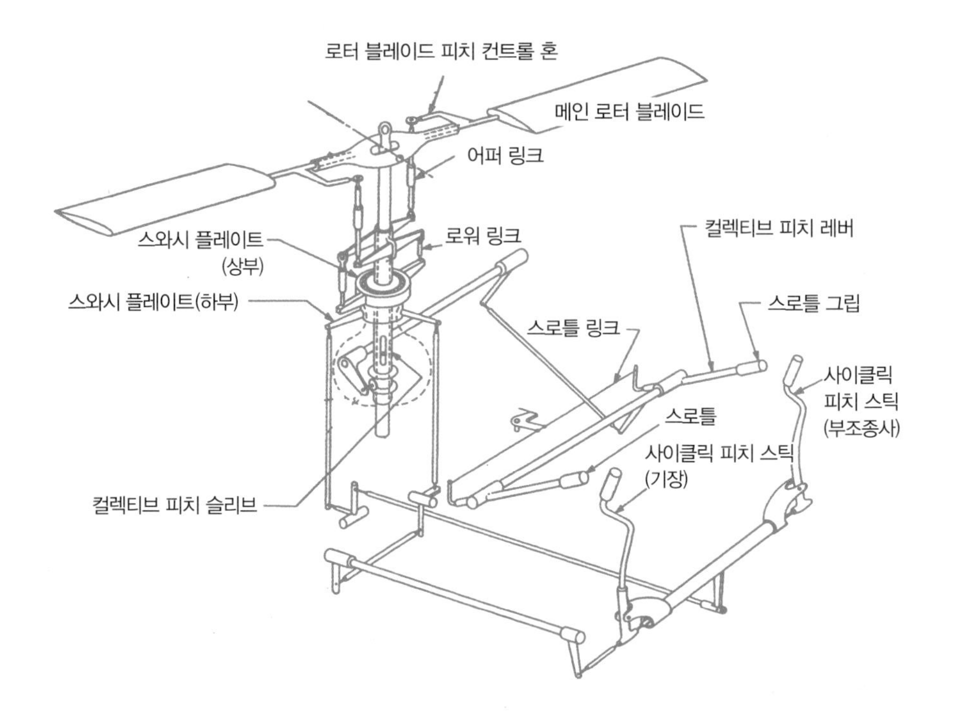

회전하지 않는 하부 스와시 플레이트(고정 스타)로 구성된다. 상부 플레이트와 하부 플레이트는 베어링을 통해 항상 평행하게 유지된다.

사이클릭 피치 스틱을 어떤 방향으로 기울이면 하부 스와시 플레이트가 그 움직임을 따라가며, 하부 스와시 플레이트도 같은 각도만큼 기운다. 또한 컬렉티브 피치 레버를 조작하면 하부 스와시 플레이트가 위아래로 평행하게 슬라이드(slide)하며, 상부 스와시 플레이트도 그만큼 슬라이드한다. 그래서 메인 로터 블레이드의 받음각(피치)도 그만큼 커지거나 작아진다. 그림 4-3

그림 4-2 (a) 메인 로터와 스와시 플레이트

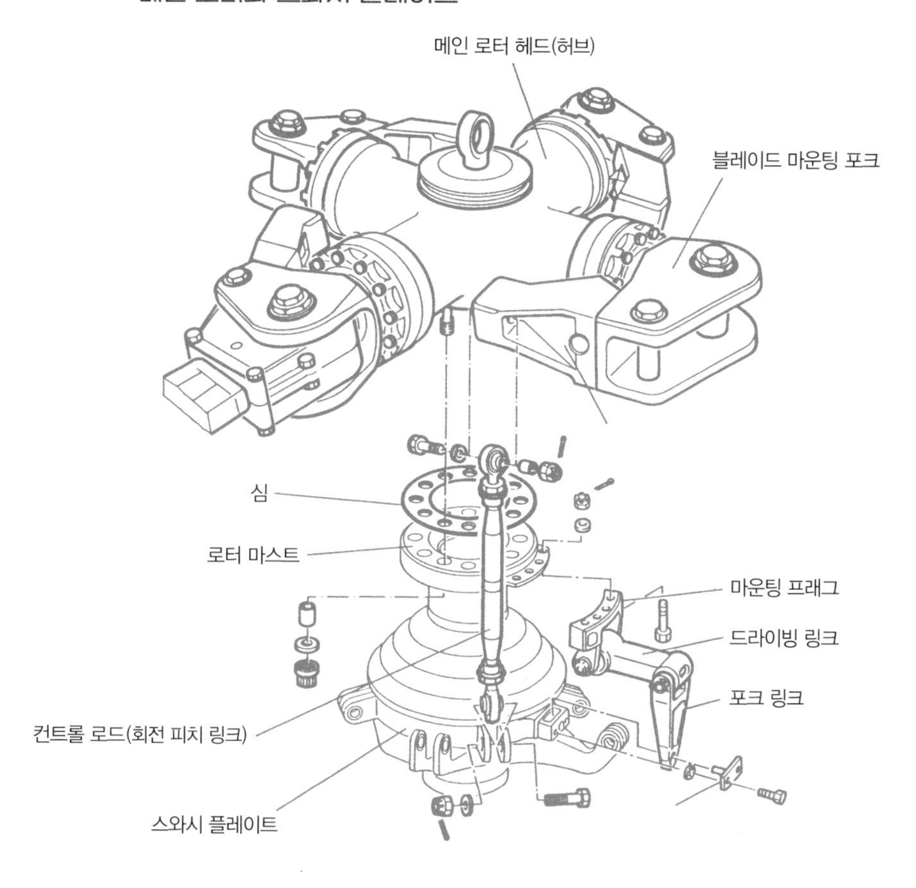

그림 4-2 (b)

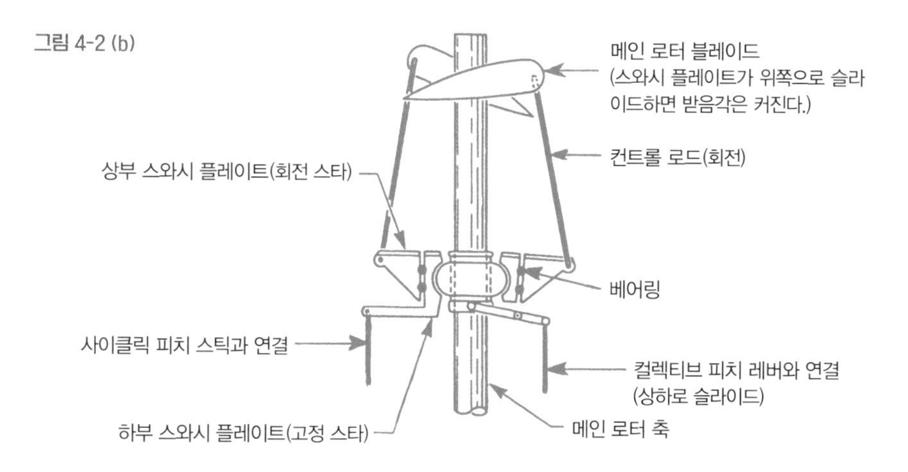

그림 4-3 스와시 플레이트의 동작 원리(컬렉티브 피치)

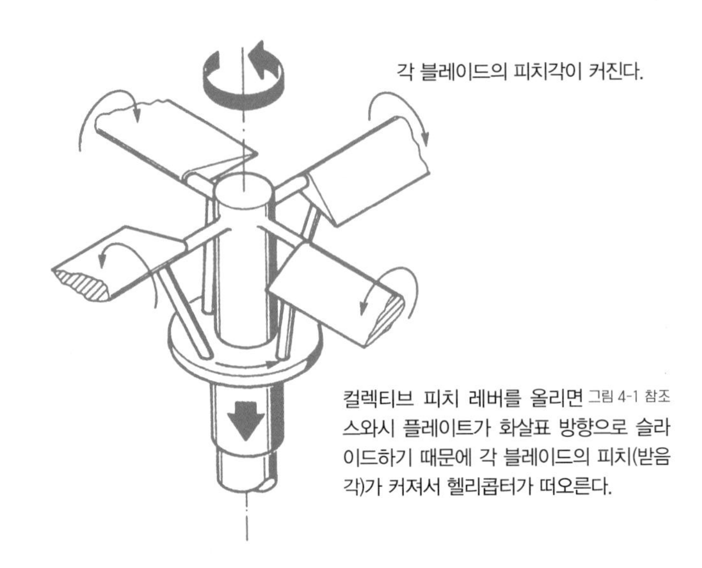

테일 로터와 연결 테일 로터는 헬리콥터의 요잉 모멘트를 조절하는데, 조작은 페달로 한다. 그림 4-4는 페달에서 테일 로터까지의 조종 계통 전체를 나타낸 것이다. 다만 테일 로터를 회전시키는 구동축과 트랜스미션은 생략했다. 테일 로터의 스와시 플레이트가 작동하는 범위는 페달을 밟는 정도에 따라 결정된다.

가령 오른쪽 페달을 밟으면 스와시 플레이트가 그림의 화살표 방향으로 슬라이드하며, 이에 따라 그 뒤에 있는 로드가 로터 블레이드의 받음각(피치)을 작게 만든다. 그래서 테일 로터의 추력이 작아지고 조종력이 약해진다. 반대로 왼쪽 페달을 밟으면 스와시 플레이트는 화살표와 반대 방향으로 슬라이드하며, 이에 따라 로터 블레이드의 피치가 커져 추력이 커지고 조종력이 강해진다. 물론 페달을 밟는 깊이에 따라 로터 블레이드의 피치도 미묘하게 변화한다. 테일 로터의 스와시 플레이트는 컬렉티브 피치를 제어할 뿐, 메인 로터처럼 사이클릭 피치를 제어하는 기능은 없다.

그림 4-4 (a) 조종 장치와 테일 로터의 연결

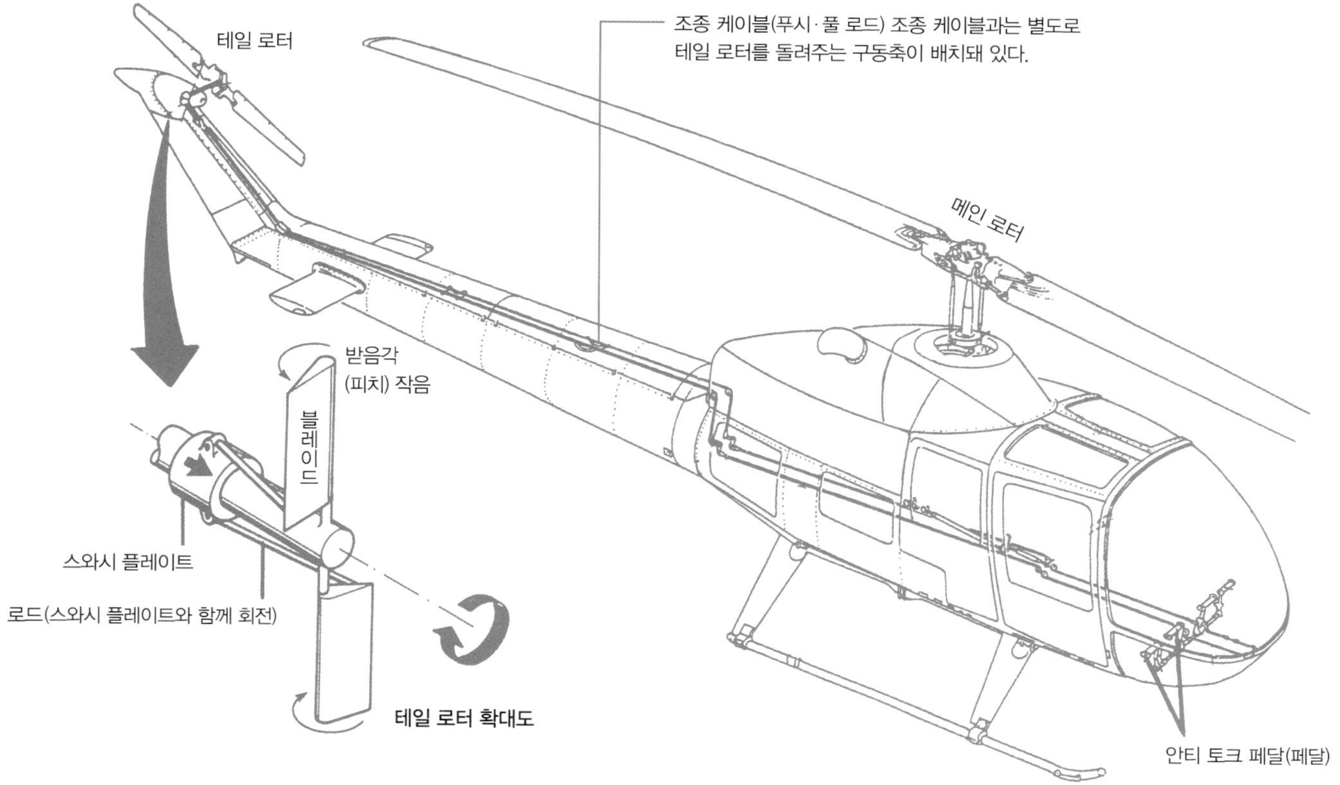

그림 4-4 (b)

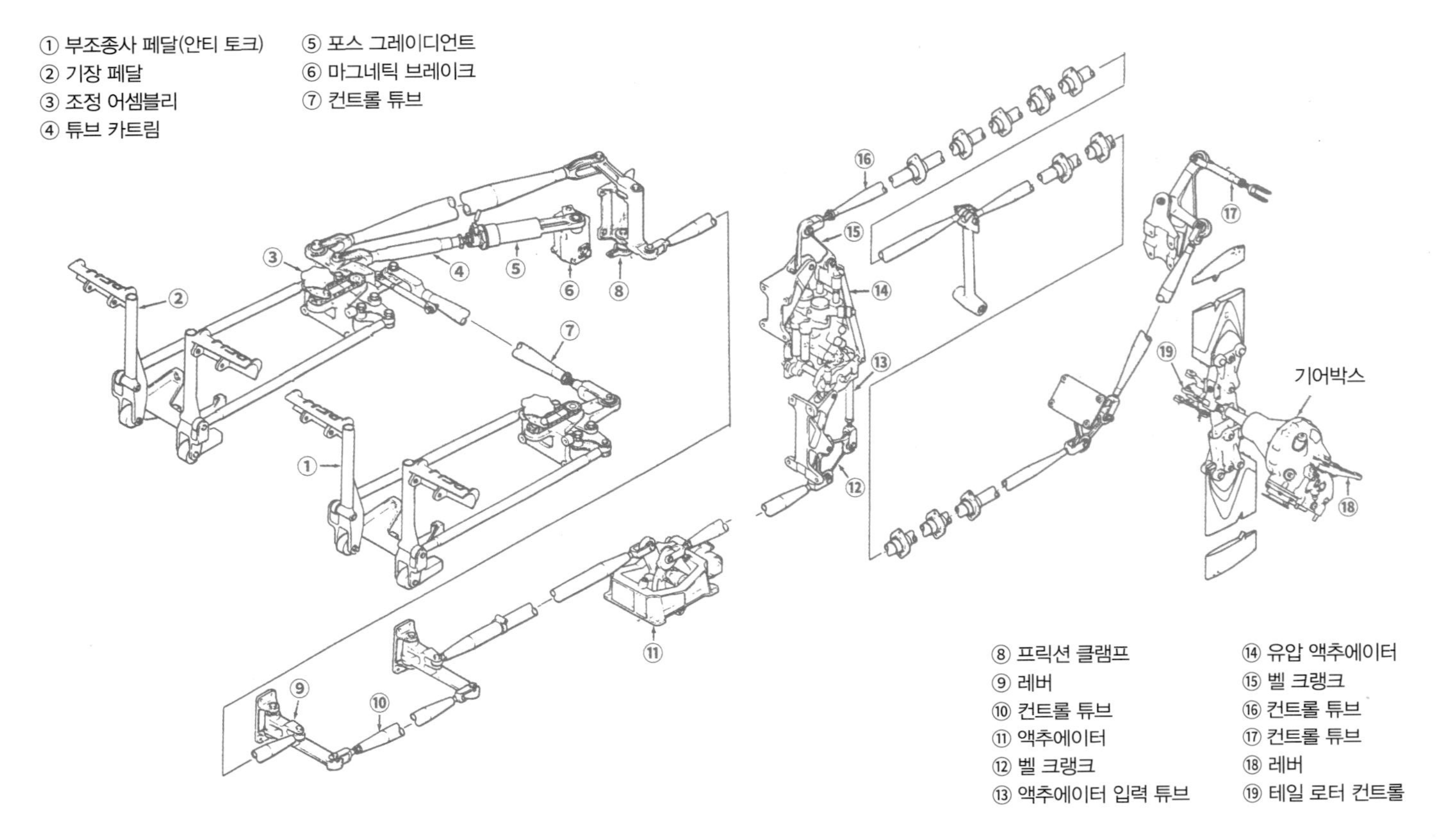
① 부조종사 페달(안티 토크)
② 기장 페달
③ 조정 어셈블리
④ 튜브 카트림
⑤ 포스 그레이디언트
⑥ 마그네틱 브레이크
⑦ 컨트롤 튜브
⑧ 프릭션 클램프
⑨ 레버
⑩ 컨트롤 튜브
⑪ 액추에이터
⑫ 벨 크랭크
⑬ 액추에이터 입력 튜브
⑭ 유압 액추에이터
⑮ 벨 크랭크
⑯ 컨트롤 튜브
⑰ 컨트롤 튜브
⑱ 레버
⑲ 테일 로터 컨트롤
기어박스

헬리콥터의 비행계기

그림 4-5는 소형 헬리콥터의 계기판이다. 사용 목적을 기준으로 보면 크게 엔진 계기와 비행계기로 나눌 수 있다. 비행계기는 피토관·정압공을 이용한 공함(空盒) 계기와 자이로스코프를 이용한 자이로 계기로 분류한다.

공함 계기 정압공으로 감지한 대기압(정압)과 피토관으로 측정한 압력(동압. 비행 속도에 따라 달라진다.)을 이용한 계기다.그림 4-6 참고로 그림에 나오는 드레인 플러그는 피토관 또는 정압공으로 침입한 빗물을 배출하기 위한 것이다. 정압공이 막혔을 때, 셀렉터 밸브(selector valve)를 대체 정압공 쪽으

그림 4-5 소형 헬리콥터의 계기판

그림 4-6 공합 계기의 시스템

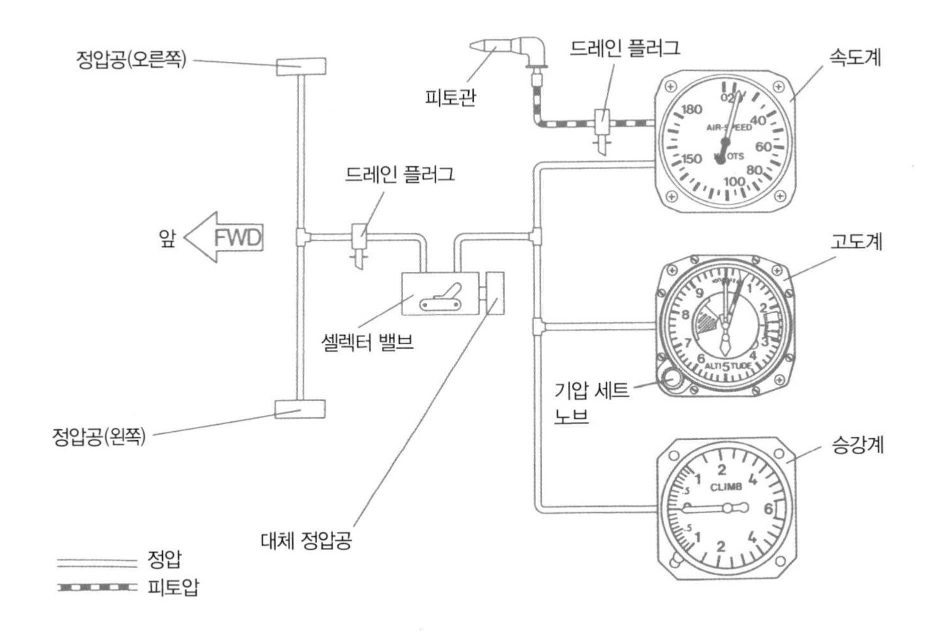

로 전환시키면 여기에서 정압을 얻을 수 있다.

피토관과 정압공을 부착하는 장소는 기종에 따라 다르지만, 메인 로터의 하강 기류나 동체의 형상에 따른 기류 흐트러짐의 영향을 받지 않는 장소에 부착한다. 즉, 기수 끝이나 측면 혹은 주날개의 아랫면(비행기), 아니면 그림 4-7처럼 동체 아랫면에 설치하는 경우가 많다.

속도계 피토관을 통해 들어온 전압(全壓)은 속도계의 공합 안쪽으로 들어가고, 정압공을 통해 들어온 정압은 공합의 바깥쪽(계기의 케이스 안)으로 들어간다. 속도가 변하면서 피토관을 통해 들어온 전압과 정압공을 통해 들어온 정압의 압력 차이로 공합이 풍선처럼 팽창·수축하는데, 그 변위량을 기어나 로드를 통해 지침에 전달한다.

그림 4-7 피토관과 정압공

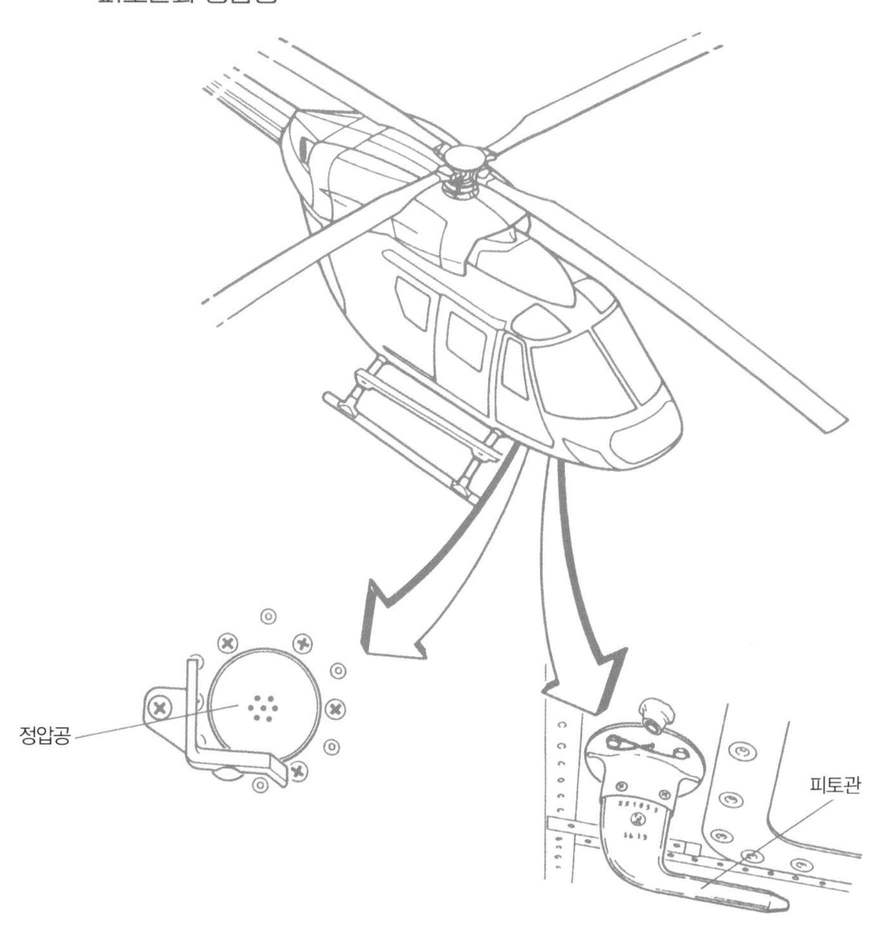

고도계 고도계는 해수면을 기준으로 한 비행 고도를 표시한다. 해수면에서는 표준 대기 상태일 때 1기압(1,013헥토파스칼)의 압력을 받지만, 상공으로 올라갈수록 기압이 낮아진다. 이 기압 변화를 정압공에서 고도계로 유도한다. 계기 내부의 공합(내부를 진공으로 만든 밀폐 공합)이 기압 변화에 따라 팽창·수축하면 기어나 로드를 통해 이것을 지침에 전달한다. 이런 고도계를 정확히는 기압 고도계라고 한다.

기압은 때와 장소에 따라 변화한다. 이에 대응하기 위해 고도계의 왼쪽 아래에 기압 세트 노브가 있다. 이것을 이용해 비행 전에 고도계를 조절해놓는다. 이때 해수면을 기준으로 한 실제 기압에 맞춘다.

승강계 상승·하강을 나타내는 계기를 승강계라고 한다. 정압공에서 유도된 정압은 공합의 안쪽과 모세관을 통해 공합의 바깥쪽으로 들어간다. 수평 비행을 하고 있을 때는 공합 안쪽과 공합 바깥쪽이 균형을 이루므로 승강계의 바늘은 '0'을 가리킨다.

상승할 경우, 정압공에서 공합 안쪽으로 유도되던 압력이 상승과 함께 저하한다. 그러나 공합 바깥쪽의 압력은 모세관을 지나가기 때문에 시간상 늦게 저하한다. 따라서 공합의 안쪽과 바깥쪽의 균형이 무너지며, 이 경우 바늘은 상승을 가리킨다. 고도 변화가 끝나면(수평 비행) 공합의 안쪽과 바깥쪽 압력이 동일해지며, 이에 따라 바늘은 다시 '0'을 가리킨다.

자이로스코프 계기 자이로스코프를 회전시키는 수단은 전기 모터 혹은 공기다. 공기식의 경우, 엔진으로 구동되는 진공 펌프로 진공압을 만든다.그림 4-8 진공 펌프가 회전하면 공기가 필터를 거쳐 빨려 들어온다. 진공압은 레귤레이터를 통해 4수은주인치(약 1수은주밀리미터)로 조절되며, 이 진공압이 진공계로 들어가는 동시에 정침의와 수평의 속의 자이로스코프를 돌린다. 한편 선회계의 자이로스코프는 전기 모터로 회전한다. 참고로 최근에는 효율이 높은 제너레이터(발전기)가 개발돼서 정침의나 수평의의 자이로스코프도 전기 모터로 회전시키는 경우가 늘고 있다.

정침의 방위를 가리키는 계기로는 정침의와 자기 나침반이 있다. 자기 나침반은 동력원 없이 항상 방위를 제공하지만 선회 오차, 가속도 오차 등이 있다.

그림 4-8 자이로스코프 계기의 시스템

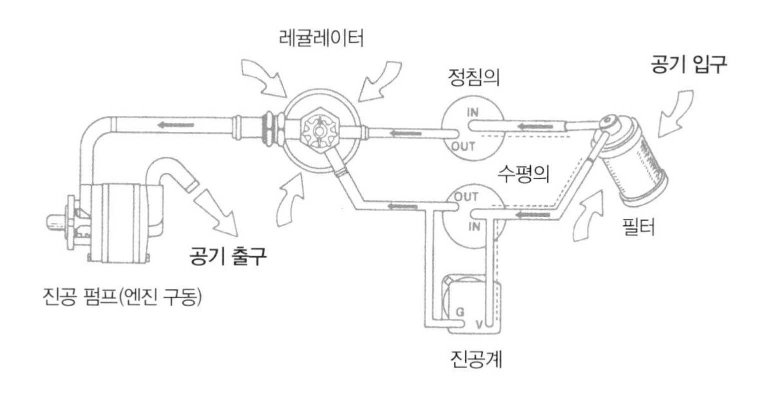

그래서 자이로스코프를 사용한 정침의가 필요하다. 다만 엔진이 작동하지 않으면 정침의는 올바른 방위를 가리키지 않는다.

자이로스코프 축은 기체의 전후 방향으로 놓이며, 내부 짐벌이 이 축을, 외부 짐벌이 내부 짐벌을 떠받친다. 그림 4-9 자이로스코프가 고속 회전하고 있을 때, 자이로스코프 축은 일정한 방향을 유지하는 성질이 있다. 그래서 기체가 어떤 방향으로 선회하면 자이로스코프 축과 기체 사이에 차이가 생기며, 이를 통해 기체가 어떤 방향으로 날아가는지 알 수 있다.

수평의 수평의의 자이로스코프 축은 내부 짐벌을 통해 상하로 부착되며, 이 짐벌은 기체의 좌우 축(피치 축)과 평행하게 부착된다. 내부 짐벌을 지탱하는 것이 외부 짐벌로, 기체의 전후 축(롤 축)에 평행하게 부착돼 있다. 그림 4-10 기체가 어떤 자세를 취하더라도 자이로스코프 축은 수직을 유지하므로 기수의 상하 혹은 좌우 경사를 나타낸다.

선회계 선회계는 선회 각속도와 미끄럼(슬립)을 표시하는 계기로, 정확히는 선회 경사계라고 한다. 자이로스코프 축은 기체의 좌우 축과 평행을 유지하

그림 4-9 정침의 구조

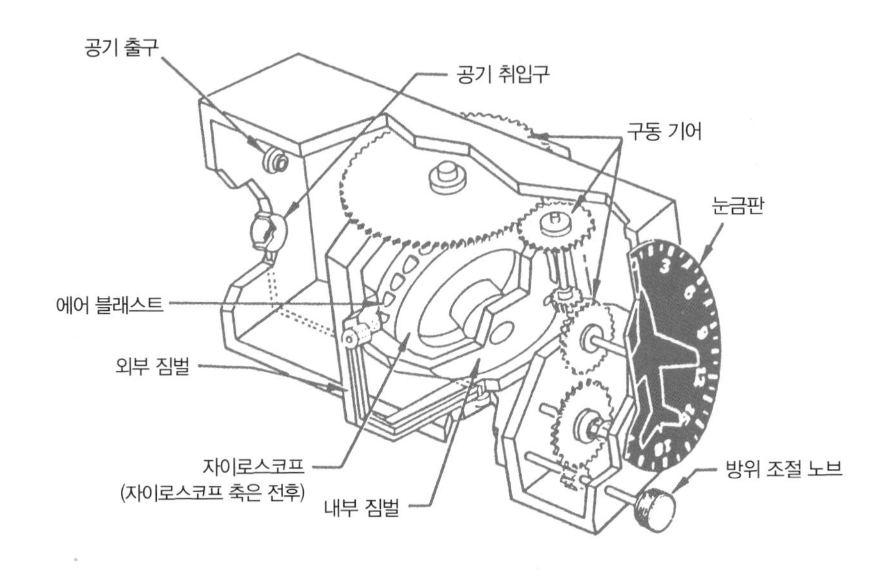

그림 4-10 수평의 구조

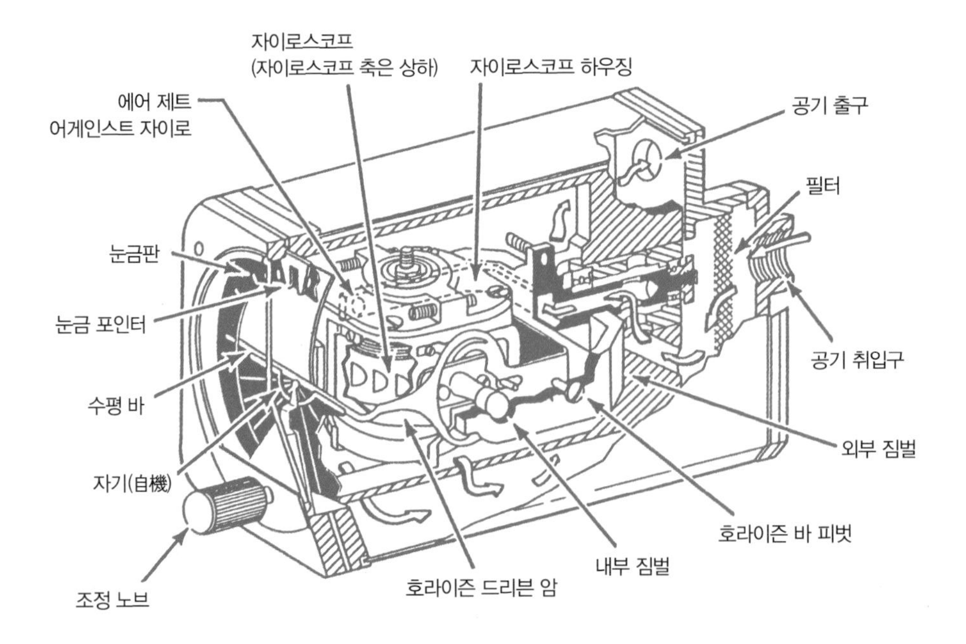

며, 짐벌이 이 축을 지탱한다.그림 4-11

선회를 하면 자이로스코프 축의 왼쪽 끝은 위로 향하는 힘을, 오른쪽 끝은 아래로 향하는 힘을 받기 때문에 자이로스코프 축이 기운다. 이 기울기는 보정 스프링에 의한 토크와 균형을 이루는 위치에서 멈춘다. 피스톤은 불필요한 진동을 제거해준다.

경사계는 액체가 들어 있는 유리관에 검은 쇠공을 넣은 것으로, 수평 위치일 때 쇠공이 가장 낮은 위치에 오도록 관이 휘어져 있다. 이 경사계는 자이로스코프와는 관계가 없으며, 항공기의 겉보기 중력에 대한 기울기를 나타낸다.

쇠공이 중앙에 있을 때는 정상 선회를 하고 있는 것이지만, 좌측 선회를 할 때 쇠공이 중앙보다 왼쪽에 있다면 슬립 선회, 쇠공이 오른쪽에 있다면 스키드(skid. 선회 중심의 바깥쪽으로 옆미끄럼이 발생하는 것) 선회를 하고 있는 것이다.

그림 4-11 선회 경사계 구조

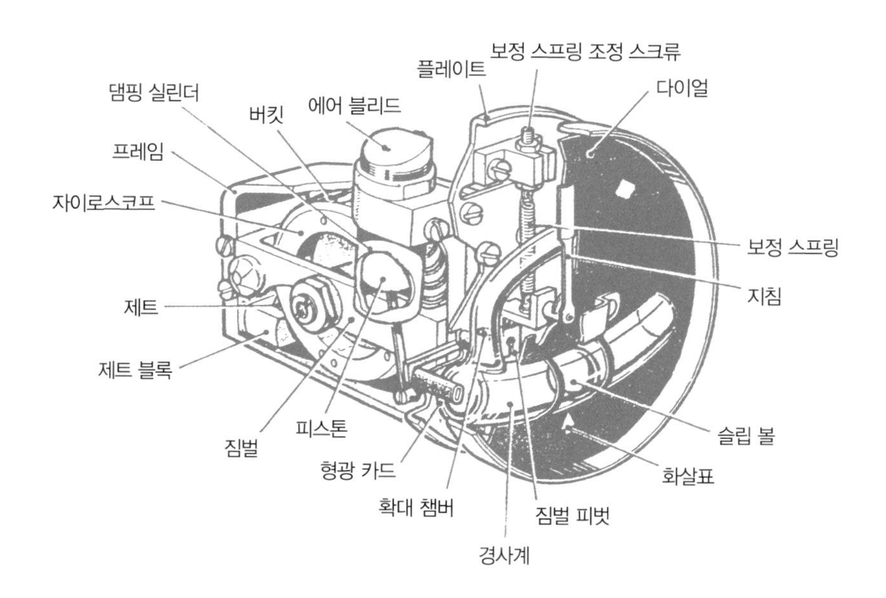

엔진 계기

엔진 계기에는 엔진 토크계, 엔진 회전계, 터빈 온도계, 연료량계 등이 있다. 그림 5-17 참조

엔진 토크계 엔진 토크계는 엔진이 어느 정도의 마력을 발휘하고 있는지를 보여준다. 토크를 검출하는 방법은 크게 유압식과 전기식이 있다. 유압식은 트랜스미션 내의 감속 기어에 걸리는 토크를 유압으로 변환하는 방식이다. 이 방식에는 직독식 유압계에 전달하는 방법과 전기 신호로 변환해서 계기에 전달하는 방법이 있다. 전기식은 구동축의 비틀어짐을 전자기로 검출하는 방식이다.

엔진/로터 회전계 엔진 회전계에는 N_1 회전계와 N_2 회전계가 있다. N_1 회전계는 가스 프로듀서그림 5-4 참조의 회전수를, N_2 회전계는 프리 터빈의 회전수를 표시한다. NR 회전계는 메인 로터의 회전수를 표시한다.

회전수를 전기 신호로 바꾸는 장치로는 마그네틱 픽업 장치가 많이 쓰인다. 이 장치는 트랜스미션 하우징 후면의 테일 로터 드라이브 근처에 설치돼 있다. 마그네틱 픽업은 회전축에 인터럽터(자력선 차단 장치)를 부착하고, 이에 따라 변화하는 자기장의 피크 전압을 검출하는 방식이다. 이 주파수는 메인 로터 회전수와 비례한다. 회전수 경고 유닛은 이 주파수 신호를 교류 전압으로 변환하고, 이것이 회전계 안에 내장된 싱크로 모터를 구동하도록 한다.

쌍발 엔진의 경우, 많은 기종에 쓰이는 회전계는 계기 안에 1번 엔진, 2번 엔진 회전계 지침(프리 터빈 회전)과 메인 로터 회전계 지침이 들어 있는 3침식 회전계다. 그림 5-17 참조

터빈 온도계

프리 터빈의 온도를 표시하는 계기로, 열전대(서모커플)를 이용해 온도를 검출한다. 조종석에 있는 계기(냉접점)와 측정하는 고온 접점(프리 터빈) 사이를 서로 다른 금속(예: 크로멜과 알루멜)으로 접속할 경우, 고온 접점이 뜨거워지면 크로멜이 (+), 알루멜이 (-)가 되면서 전압이 발생한다. 이 전압을 열기전력이라고 한다. 이와 같이 열기전력을 이용할 목적으로 서로 다른 종류의 금속을 접합한 것을 열전대라고 하며, 이 원리를 이용한 온도계를 열전대식 온도계라고 한다. 터보샤프트는 물론이고 터보팬 엔진의 터빈 온도계도 대부분 열전대식 온도계다.

그림 4-12 유압계 구조

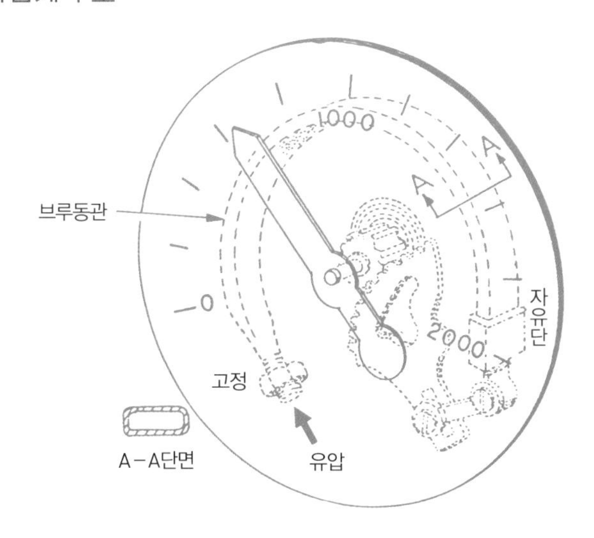

윤활유 압력계/연료 압력계 윤활유 압력계는 엔진 속을 순환하는 윤활유의 압력을 표시하는 계기다. 한편 연료 압력계는 엔진으로 보내는 연료의 압력을 표시하는 계기다. 윤활유 압력계와 연료 압력계는 같은 구조이며, 직접 지시 방식(소형 헬리콥터)과 원격 지시 방식(중대형 헬리콥터)이 있다.

직접 지시 방식의 경우, 수감부에 브루동관(Bourdon管)을 사용한 것이 많다. 브루동관은 C자 모양의 금속관으로, 한쪽 끝은 밀폐 자유단이며 다른 쪽 끝은 고정돼 있다. 그림 4-12 고정된 쪽을 통해서 금속관 속에 유압이 가해지면 금속관은 곧게 뻗어 직선이 되려고 하며, 그 신축을 싱크로(회전각이나 회전 운동을 전기 신호로 바꿔서 송수신하는 장치)가 읽어 들여 계기에 신호를 보낸다.

원격 지시 방식에도 싱크로가 사용된다. 유압이 벨로즈(bellows. 일종의 풍선으로 황동으로 만든다.) 안으로 들어가면 압력의 세기에 따라 벨로즈가 팽창·수축하는 정도가 달라지며, 이 변위가 싱크로에 전달돼 계기 바늘을 움직인다.

방진 장치

진동의 원인과 대책

진동은 승무원과 승객에게 불쾌감과 피로감을 줄 뿐만 아니라 기체 구조의 피로 파괴를 유발하는 등 광범위한 악영향을 끼친다. 헬리콥터의 경우, 진동의 주된 원인은 메인 로터와 테일 로터, 엔진, 트랜스미션, 동체에 작용하는 공기력이다. 이러한 진동의 메커니즘은 매우 복잡해서 제대로 설명하려면 방대한 지면을 할애해야 하므로 여기에서는 간단히 설명하고 넘어가도록 하겠다.

메인 로터에서 발생한 진동은 트랜스미션으로 전달되는데, 트랜스미션은 동체에 고정돼 있으므로 당연히 동체에도 전달된다. 그래서 이를 예방하려면 트랜스미션(기어박스)과 동체 사이에 방진고무를 끼워 진동을 감소한다. 이것을 수동 방진 장치라고 한다. 또한 진동을 줄이고자 하는 곳에 그 진동과 반대 방향의 진동을 줘서 진동을 줄이는 장치도 개발됐다. 이것을 능동 방진 장치라고 한다.

능동 방진 장치는 트랜스미션과 동체 사이에 컴퓨터로 제어되는 액추에이터를 배치한 것이다. 그림 4-13 트랜스미션 부근의 동체 상부에 설치된 액추에이터가 메인 로터에서 전달된 진동을 상쇄하는 진동을 생성해 진동을 흡수한다.

블레이드 트래킹

회전하는 메인 로터의 모든 블레이드는 일반적으로 깃 끝 회전면에 위치한다. 그림 4-14 (a). 인 트랙이라고 한다. 그런데 메인 로터를 정비한 뒤 하나 이상의 블레이드가 깃 끝 회전면에서 벗어날 때가 있다. 그림 4-14 (b). 아웃 오브

그림 4-13 능동 방진 장치

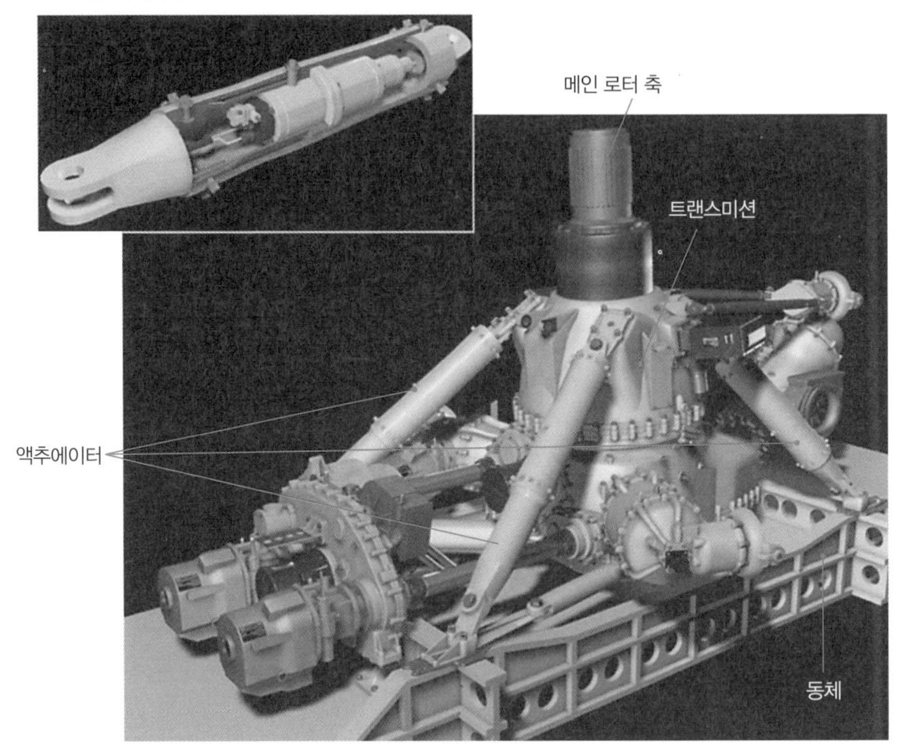

트랙이라고 한다. 아웃 오브 트랙 상태에서는 가로 방향에서 이상 진동이 발생한다.

이럴 때는 트래킹 작업이라는 정비를 실시하는데, 스트로보스코프법 그림 4-15 이 대표적이다. 회전 주기에 맞춘 주파수의 스트로보스코프(stroboscope) 광(光)을 블레이드 끝단에 설치된 리플렉터(반사판)에 쏘면, 끝부분의 위치가 명확해져 각 블레이드의 위치를 비교할 수 있다.

아웃 오브 트랙 상태인 블레이드를 발견하면 해당 블레이드의 회전 피치 링크 컨트롤 로드. 그림 4-2 (b) 참조 의 길이를 조절하거나 트림탭 벤딩(trim tab bending) 공구로 트림탭을 구부려서 조절한다. 그림 4-16

그림 4-14 블레이드 트래킹

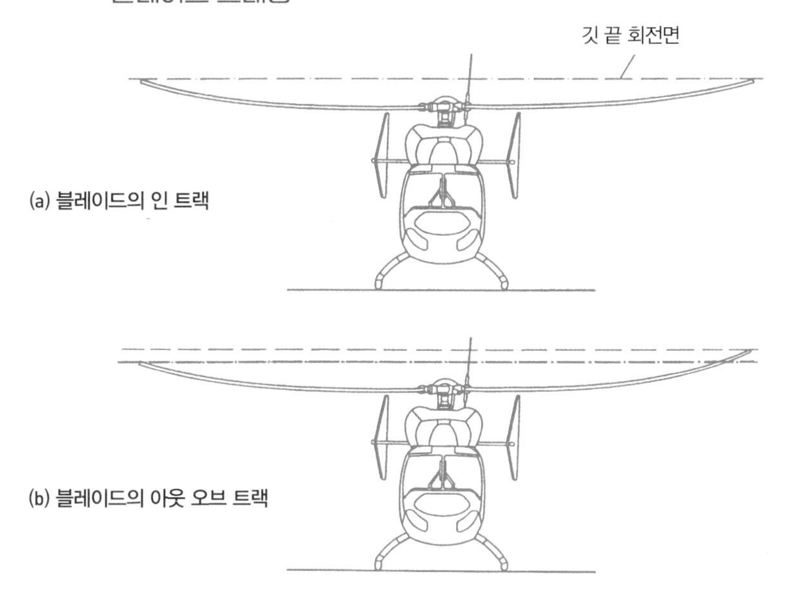

그림 4-15 스트로보스코프법을 이용한 트래킹 작업

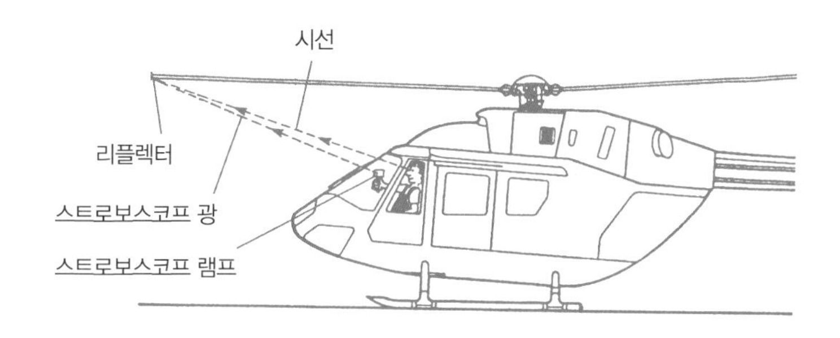

그림 4-16 트림탭 벤딩 공구를 사용하는 법

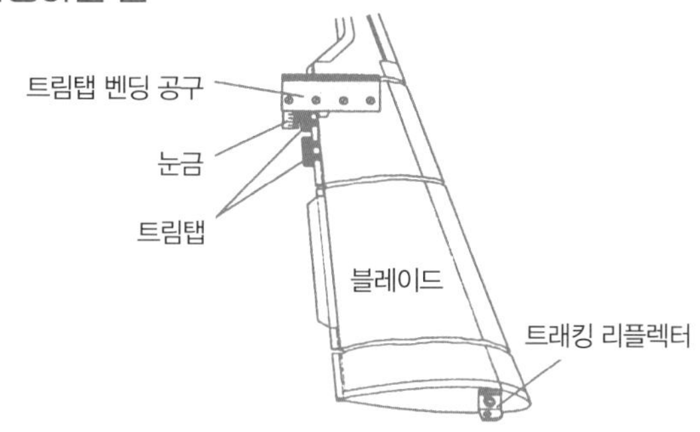

에어컨 장치

난방 기내 난방 방식은 기종에 따라 다른데, 그림 4-17은 터보샤프트 엔진 압축기의 고온·고압 공기(블리드 에어)를 이용한 예다.

엔진에서 나온 블리드 에어는 호스와 덕트를 통해 레귤레이터 밸브로 들어가서 감압돼 혼합 덕트 앤드(&) 서모스탯으로 간다. 한편 공기 취입구를 통해서 들어온 차가운 공기는 덕트를 지나 혼합 덕트 앤드 서모스탯으로 들어가며, 여기에서 블리드 에어와 혼합된다. 그리고 혼합 덕트 앤드 서모스탯에 있는 서모스탯식 온도 센서가 공급 공기의 온도를 감지해서 설정 온도와의

그림 4-17 블리드 에어를 이용한 난방 시스템

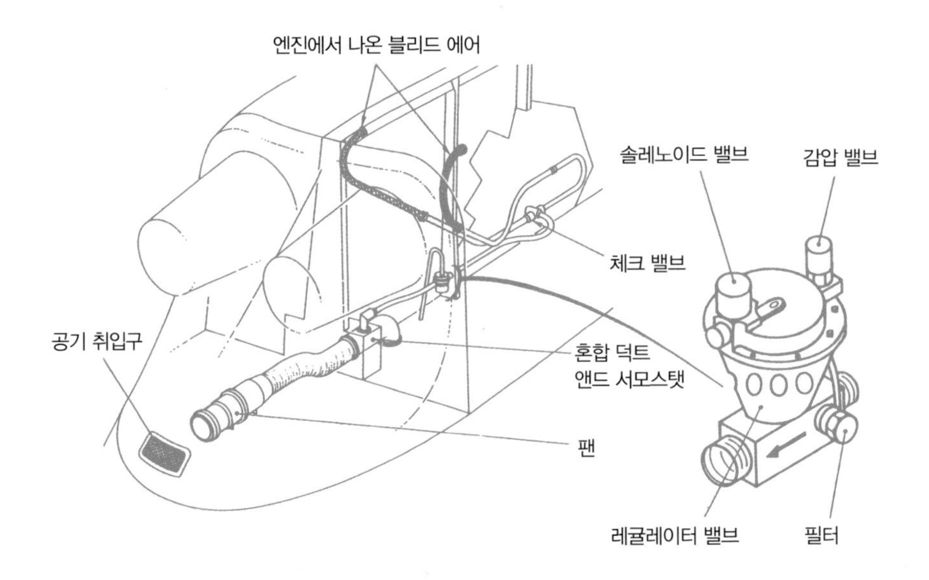

차이를 공기압 신호로 변환한다. 이 신호를 이용해 혼합 덕트 앤드 서모스탯 안에 있는 밸브를 움직인다. 혼합비(블리드 에어와 외부 공기)를 조절해 설정 온도를 유지한다.

혼합 덕트 앤드 서모스탯에서 적정 온도가 된 공기를 분배기가 분배한다. 이 공기는 디프로스터(defroster)와 조종석, 객석의 취출구(상하)에서 뿜어져 나온다. 그림 4-18

그림 4-18 난방 분배 시스템

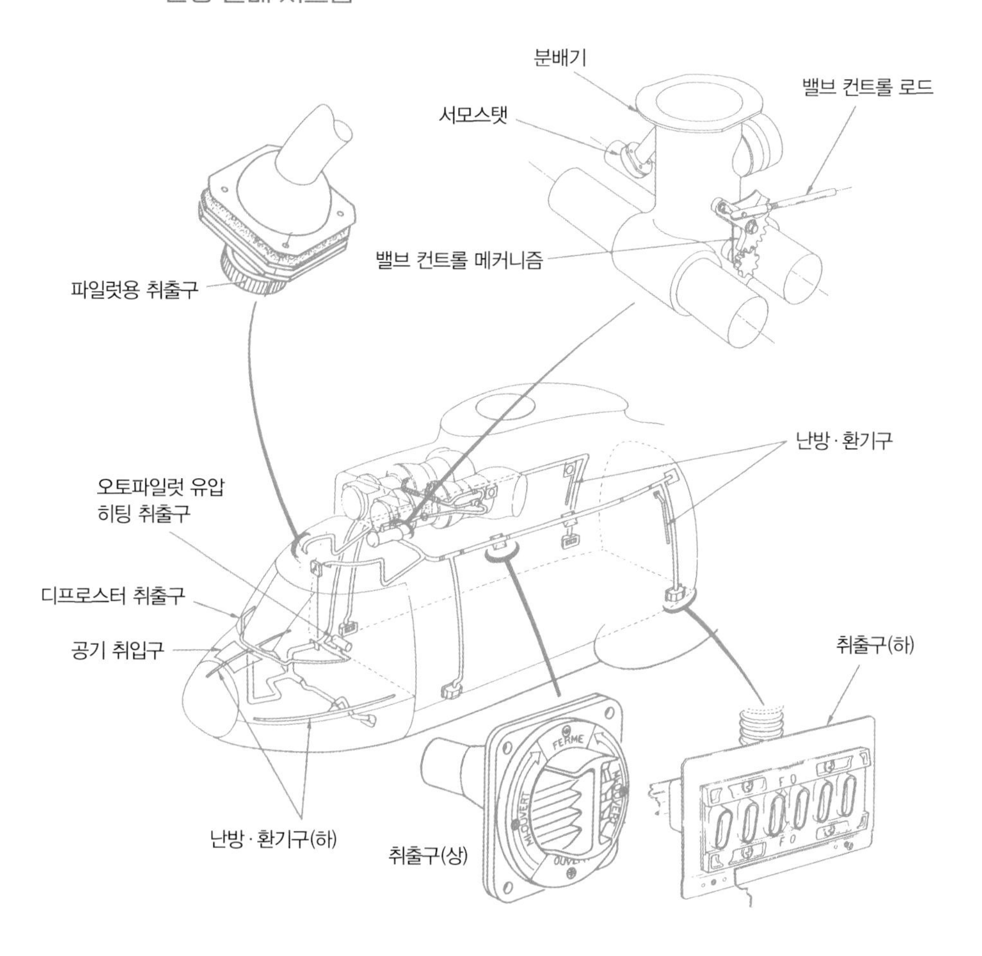

냉방 냉방도 기종에 따라 다르지만, 보통 에어 사이클 방식과 베이퍼 사이클 방식이 있다. 에어 사이클 방식은 엔진에서 나온 블리드 에어를 열교환기(외부 공기)로 냉각하고, 팽창 터빈으로 단열 팽창시켜 외기 온도 이하로 만든다. 한편 베이퍼 사이클 방식은 냉장고와 마찬가지로 냉매 가스를 이용해서 냉각한다.

방화·소화 장치

화재 감지 장치 엔진이나 메인 기어박스에서 발생한 화재를 감지하는 장치로, 감지 방법에는 여러 가지가 있다. 그림 4-19는 엔진과 메인 기어박스 주변에 바이메탈을 배치한 것이다. 바이메탈은 팽창 계수가 다른 금속을 맞붙인 판으로, 온도가 상승하면 팽창 계수가 작은 금속 쪽으로 구부러지는 성질을 이용한다.

온도가 상승해 일정 각도로 구부러지면 도통(導通) 회로를 형성해 조종실의 라이트가 켜지고 경보가 울린다. 엔진의 저온 구역과 메인 기어박스는 섭씨 300도, 엔진의 고온 구역은 섭씨 400도가 되면 회로가 형성되도록 설정돼 있다. 감지 방법에는 그 밖에도 서미스터식(온도에 따라 저항값이 변화하는 반도체를 이용) 가스압식(가는 스테인리스 강관 속에 밀폐된 가스의 열팽창을 이용) 등이 있다.

소화 장치 화재 감지기의 경보가 울리면 먼저 1번 소화 핸들을 조작한다. 그러면 1번 소화 용기의 밸브가 열리며 소화제(消火劑)가 튜브에서 분출돼 해당 엔진의 불을 끈다. 그림 4-20 만약 불길이 잡히지 않았을 때는 2번 소화 핸들을 조작해 2번 소화 용기에서 소화제를 분출한다.

그림 4-19 화재 감지 장치의 배치 사례

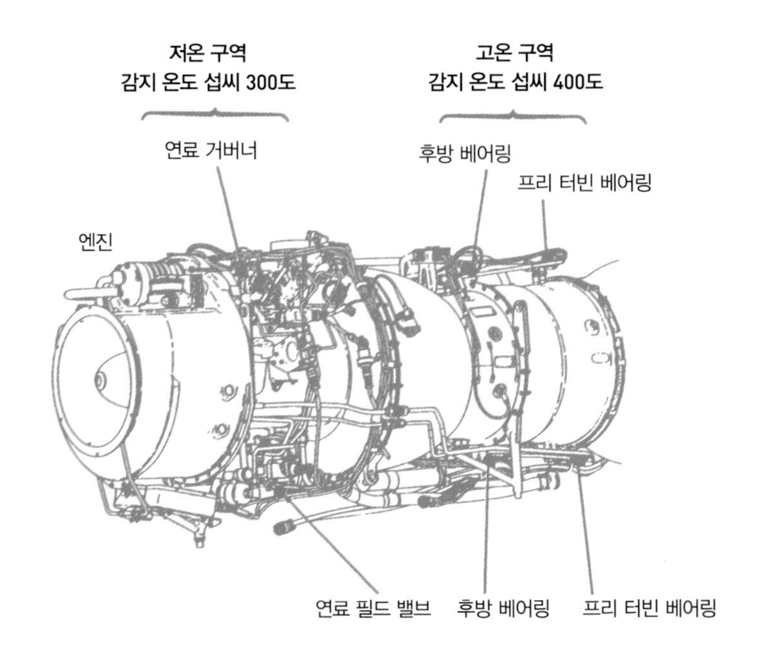

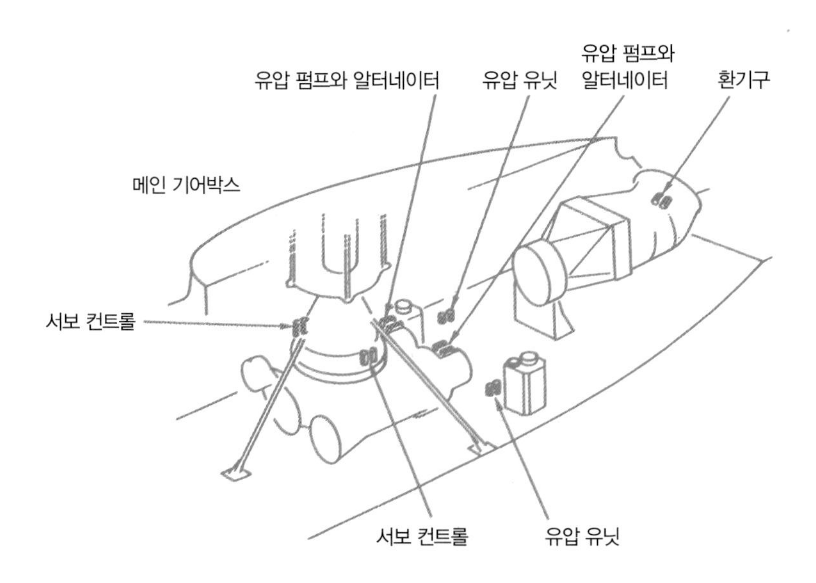

그림 4-20 소화 장치의 구조

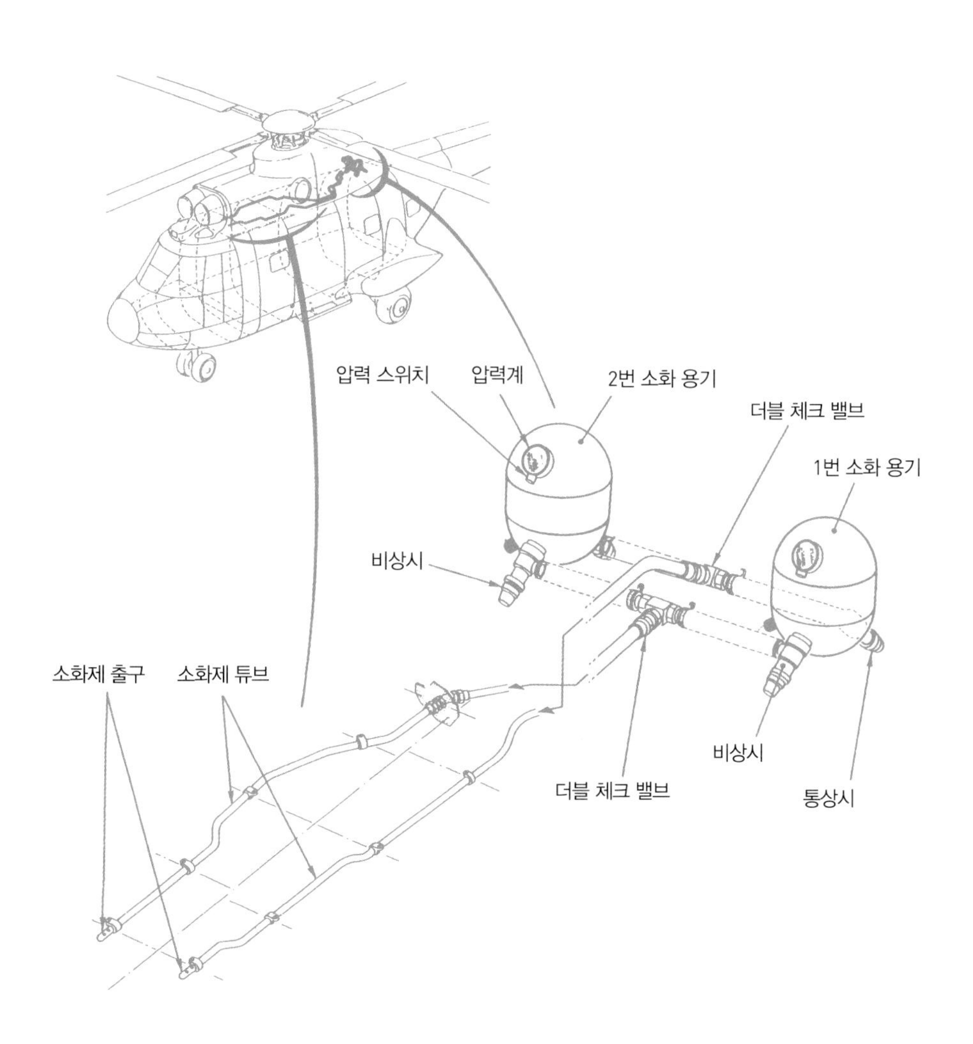

전기 장치

교류 발전기 일반적으로 소형 비행기나 헬리콥터는 직류를, 대형 비행기나 헬리콥터는 교류를 주전원으로 사용하는 경우가 많다. 직류와 교류 발전기를 모두 장비하고 있는 기종도 물론 있다.

교류 전원을 필요로 하는 소형기 중에는 인버터(직류를 교류로 변환)를 장비한 기종도 있다. 반대로 대형기에서 직류 전원을 얻고자 할 때는 변압 정류기(교류를 직류로 변환)를 장비한다.

항공기가 대형화·고급화되면서 기내의 소비 전력 또한 커졌다. 자연스레 굵은 전선이 필요해졌는데, 이 경우에 중량 증가와 직류 발전기의 정류자에서 발생하는 불꽃 문제(특히 고공) 등이 문제가 됐다. 그래서 교류 발전기가 각광을 받았다. 교류 발전기는 전압이 높아서 전선 지름이 작고, 브러시가 없는 무브러시 발전기를 장비하면 불꽃 발생 문제를 해결할 수도 있었다.

발전기(제너레이터)에서 만들어낸 전력은 각종 조명과 경고등, 통신 장치, 항법 장치(ADF, VOR, DME 등) 계기 착륙 장치(ILS, 전파 고도계) 혹은 각종 계기(연료량계, 엔진 회전계, 토크계 등) 등에 공급된다. 여기에서는 발전기의 작동과 조명의 일부를 간단히 설명하겠다.

스타터/발전기 통상적인 항공기에는 스타터와 발전기가 별도로 장비돼 있다. 그러나 양쪽 모두 무거울 뿐만 아니라 스타터는 엔진 시동에만 필요할 뿐, 그 뒤에는 쓸 일이 없다. 이 문제를 해결한 것이 스타터와 발전기의 역할을 동시에 하는 스타터/발전기다. 그림 4-21 즉, 엔진 시동을 걸 때는 스타터 모드이지만 엔진이 자립 운전을 시작하면 발전기 모드가 되도록 만든 기기다.

스타터 모드에서는 시동용 전력이 스타터 권선에 공급돼 엔진을 시동하는 모터로 사용된다. 모터의 회전이 엔진의 기어박스를 거쳐 가스 프로듀서 터빈을 구동한다. 이 전력은 외부 전원 또는 탑재 배터리에서 공급된다.

한편 발전기 모드에서는 여자(勵磁) 코일이 전기자 주변에 자기장을 만들며, 전기자(발전기의 발전자와 전동기의 전동자를 통틀어 이르는 말)가 회전하면 전압이 발생한다. 전압이 브러시를 거치고 컬렉터 코일을 경유해 하우징의 터미널에 공급된다. 그리고 발전 중인 브러시 부분에서 아크가 일어나는 일을 방지하기 위해 보상 권선과 보극 권선이 전기자와 직렬로 접속돼 있다. 발전기 모드는 엔진이 회전하는 중에 사용되며, 기내 전기 계통에 전력을 공급하는 동시에 탑재 배터리를 충전한다.

그림 4-21 스타터/발전기 구조

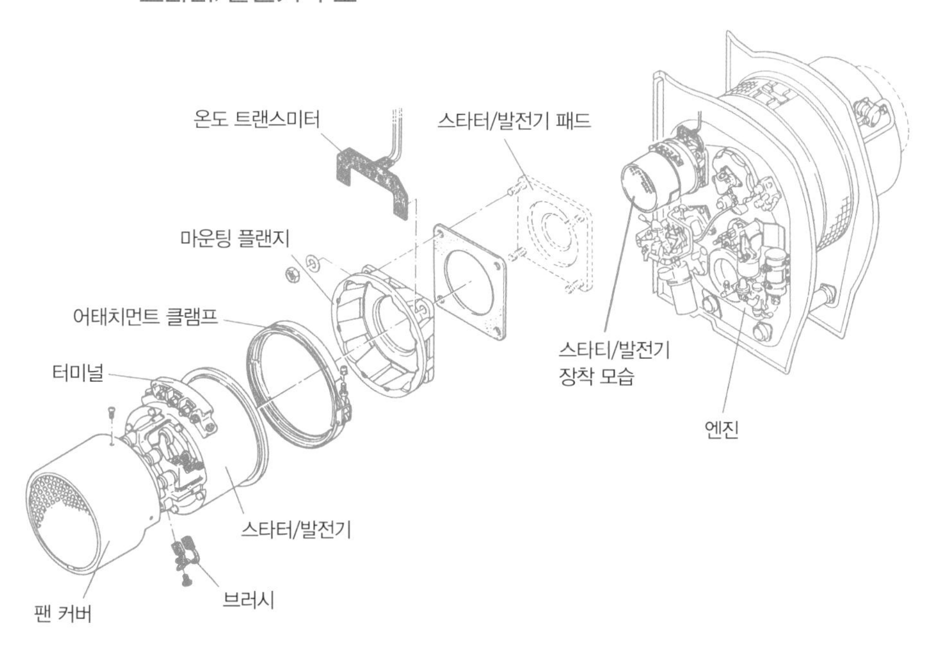

조명 장치 항공기의 조명 장치는 크게 기외 조명과 기내 조명으로 나뉜다. 기외 조명으로는 충돌 방지등(anti-collision light) 항공등(기체 좌우, 꼬리 부분) 등이 있다. 그림 4-22 항공법상 충돌 방지등은 분당 40~100회의 빨간색 또는 백색 섬광이 일어나야 한다. 또 항공등의 왼쪽은 빨간색, 오른쪽은 녹색, 꼬리 부분은 백색으로 정해져 있다. 이것은 야간에 공중에서 만났을 때 비행기가 이쪽을 향해 날아오고 있는지, 아니면 반대로 멀어지고 있는지를 식별하게 해준다. 그 밖에 이착륙을 할 때 사용하는 랜딩라이트, 구급 활동에 사용하는 서치라이트를 장비한 기종도 있다.

그림 4-22 기외 조명

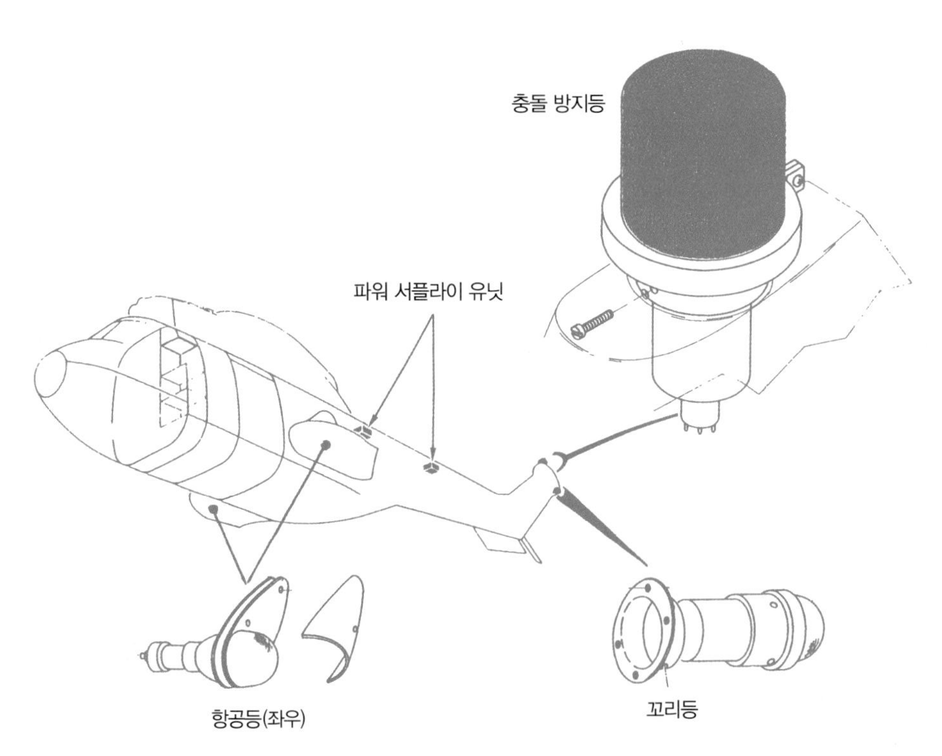

기내 조명에는 야간 비행 시에 계기를 밝히는 라이트와 기내를 밝히는 라이트가 있다. 이들 조명 장치의 조작 스위치는 오버헤드 패널에 장비돼 있는 경우가 많다. 그림 4-23

그림 4-23 기외 조명 조작 스위치

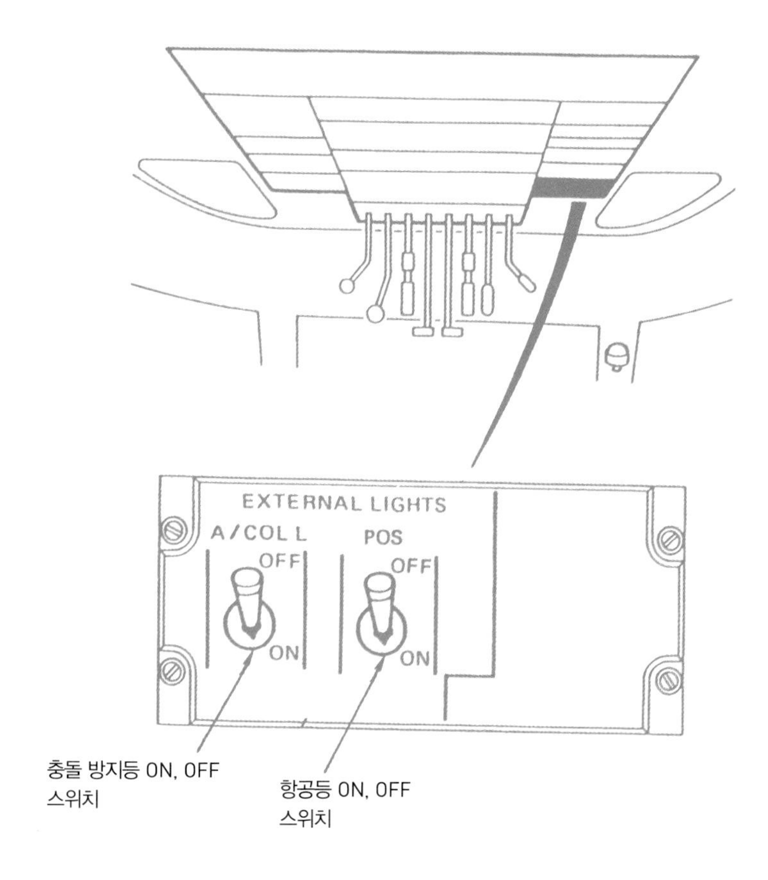

제 5 장

헬리콥터 엔진·연료 계통의 구조

엔진 계통

가스터빈 엔진의 이점 로터를 회전시키는 동력원으로는 피스톤 엔진과 가스터빈 엔진이 있다. 다만 현재는 가스터빈(터보샤프트) 엔진을 탑재한 헬리콥터가 80~90퍼센트에 이른다. 가스터빈 엔진을 피스톤 엔진과 비교했을 때 다음과 같은 장점이 있기 때문이다.

① 작고 가벼우며 출력이 크다. 가스터빈 엔진은 동일 중량의 피스톤 엔진에 비해 3~6배의 출력을 얻을 수 있다.
② 진동이 작다. 피스톤은 왕복 운동을 하지만, 가스터빈은 회전 운동만 하기 때문이다.
③ 정비성이 좋다. 구조가 단순하기 때문에 각 부분의 교환이 용이하다.
④ 신뢰성이 높다. 엔진이 운전 중에 고장 나거나 정지할 가능성이 매우 적다.
⑤ 연료비가 저렴하다. 피스톤 엔진은 휘발유를 사용하지만, 가스터빈 엔진의 연료는 저렴한 등유다.
⑥ 윤활유 소비량이 적다.

이 밖에도 개선할 수 있는 여지가 아직 많이 남아 있어서 지금보다도 성능 향상을 기대할 수 있다. 가스터빈 엔진의 수요는 계속 증가할 것이다.

가스터빈 엔진의 종류 현재 민간기에 사용되는 가스터빈에는 세 종류가 있다. 제트 여객기에는 터보팬 엔진이나 터보프롭 엔진이 탑재된다. 그림 5-1 가스터빈 엔진의 사이클은 압축기(공기를 압축)→연소실(압축된 공기에 연료를 분사해 고온·고압가스를 만듦)→터빈(고온·고압가스의 일부로 압축기를 돌리고 나머지를 배출)이다.

터보팬 엔진의 경우, 압축 공기 중 약 20퍼센트를 연소실로 보내며 나머지 80퍼센트는 연소하지 않고 측로(바이패스)를 통해 엔진 후방으로 배출한다. 그래서 이 엔진을 바이패스 엔진이라고도 한다. 한편 터보프롭 엔진은 터빈으로 압축기와 프로펠러를 돌린다. 프로펠러가 추력의 90퍼센트를 만들어내며, 배기 제트가 나머지 10퍼센트를 담당한다.

헬리콥터에 사용하는 것이 터보샤프트 엔진이다. 그림 5-2 터보샤프트 엔진의

그림 5-1 가스터빈 엔진

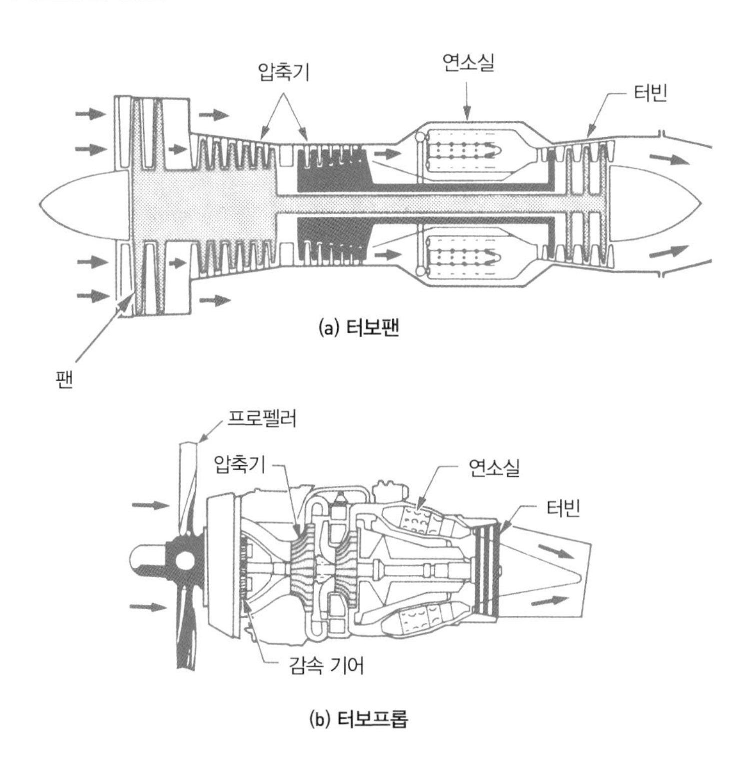

(a) 터보팬
(b) 터보프롭

경우, 터빈으로 보내진 고온·고압가스가 압축기를 돌리는 동시에 트랜스미션을 거쳐 메인 로터와 테일 로터 등을 회전시킨다.

가스터빈 엔진의 출력

현재 터보샤프트 엔진을 탑재한 4인승 소형 헬리콥터의 출력은 310~350마력, 6~10인승 중형기의 출력은 500~900마력, 대형기의 출력은 2,000마력 전후가 일반적이다. 참고로 터보샤프트 엔진이나 터보프롭 엔진의 출력을 말할 때는 축출력(shp)이란 단어를 사용한다.

터보프롭 엔진의 경우, 프로펠러를 구동하는 축출력 외에 배기 제트에 따른 추력을 얻을 수 있으므로 엔진 출력을 엄밀하게 표시할 때는 '1,000hp(마력)+250lb(파운드)'와 같은 식으로 축출력과 순추력(net thrust)을 병기한다.

순추력을 축출력으로 환산해서 축출력에 더한 값을 상당 축출력(eshp)이라고 한다. 단위는 축출력과 상당 축출력 모두 마력(hp)을 사용한다. 참고로 SI(국제단위계)에서는 마력 대신 와트(W)를 사용하지만, 항공 업계에서는 마

그림 5-2 터보샤프트 엔진

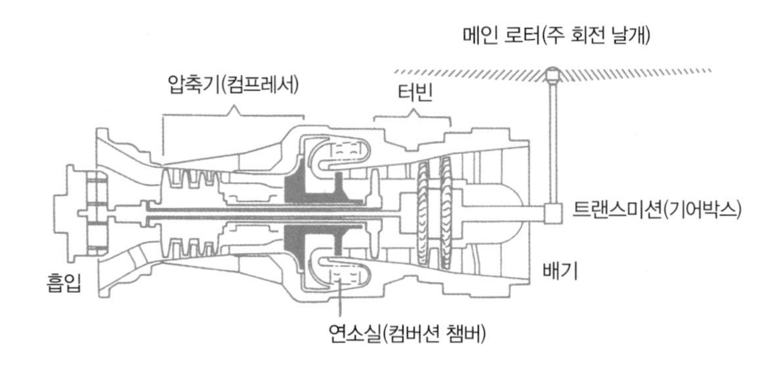

력, 파운드, 킬로그램 등으로 표시하는 경우가 많다.

터보샤프트 엔진의 구조 그림 5-3은 중형 헬리콥터에 탑재되는 터보샤프트 엔진의 전체 단면도다. 이 엔진은 축류형 압축기의 후단에 원심형 압축기와 역류형 연소실, 터빈(가스 프로듀서 터빈과 프리 터빈)이 있다.

공기 취입구로 들어온 공기는 축류형 압축기의 로터에서 가속되고 스테이터로 이동한다. 그곳에서 속도가 압력으로 변환돼 적당한 유입 각도로 원심형 압축기에 들어가며, 두 압축기(유동형 · 원심형)를 거치면서 대기압의 약 8배로 압축된 후 연소실로 이동한다. 연소실에서는 연료가 분사돼 압축 공기와 섞이고, 이 혼합기(混合氣)에 불이 붙어 고온 · 고압가스가 된다.

고온 · 고압가스는 첫 번째 터빈(가스 프로듀서)을 통과하는데, 이 터빈은 고온 · 고압가스의 에너지를 이용해 압축기와 보기(補機. 스타터/발전기, 연료 펌

그림 5-3 터보샤프트 엔진의 단면도

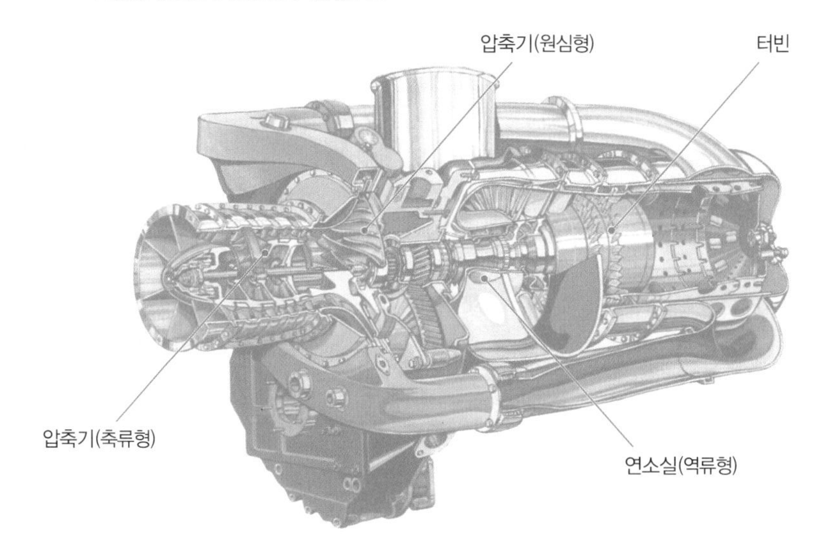

프, 윤활유 펌프)를 구동한다. 그림 5-4 스타터/발전기는 엔진을 시동할 때 스타터로 기능하고 엔진 운전 중에는 발전기로 기능한다. 연료 펌프는 연료를 엔진으로 보내는 역할을 한다. 윤활유 펌프는 말 그대로 윤활유를 보내는 펌프다. 윤활유는 엔진 안에 있는 베어링과 각 기어를 윤활한다. 그 후 고온·고압가스는 프리 터빈을 돌리며, 이것이 트랜스미션 안에 있는 기어를 통해 감속되고 메인 로터와 테일 로터를 돌린다.

그림 5-4는 중형 터보샤프트 엔진의 동력 전달계인데, 이보다 작은 엔진에는 원심형 압축기만 있는 것이 많다. 또한 대형 엔진의 압축기는 축류형 압축기가 4~5단 부가되고, 그 후단에 원심형 압축기가 1단으로 구성된다.

그림 5-4 동력 전달계

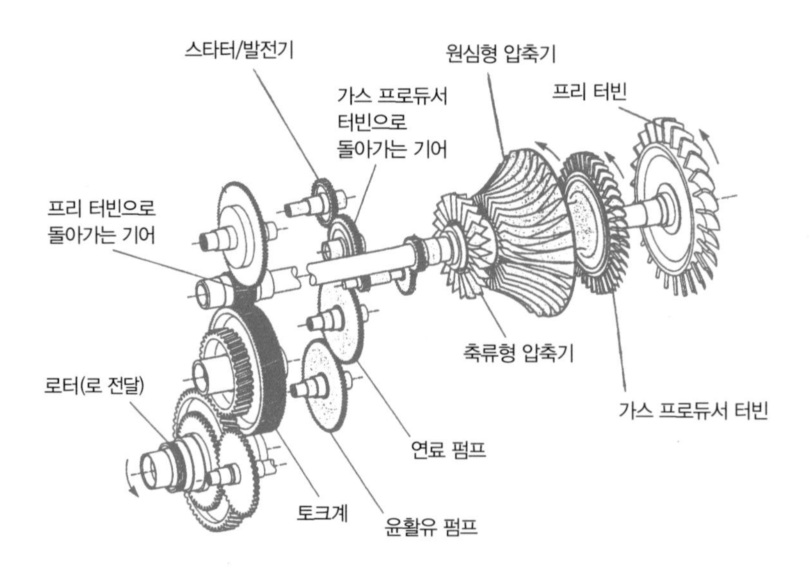

가스터빈 엔진의 구조

가스터빈 엔진을 구성하는 주요 부분인 압축기와 연소실, 터빈에 관해 자세히 살펴보자.

압축기 압축기는 그 이름처럼 공기를 압축하는 역할을 하는데, 여기에는 축류형과 원심형이 있다.

축류형 압축기 축류형은 로터와 스테이터(정익)로 구성된다. 그림 5-5 로터는 로터 블레이드(동익) 여러 개로 구성되며, 축을 따라 복수의 단으로 배열돼 있다. 이것이 함께 회전한다. 한편 스테이터는 로터 블레이드의 각 단 사이에

그림 5-5 축류형 압축기의 구성

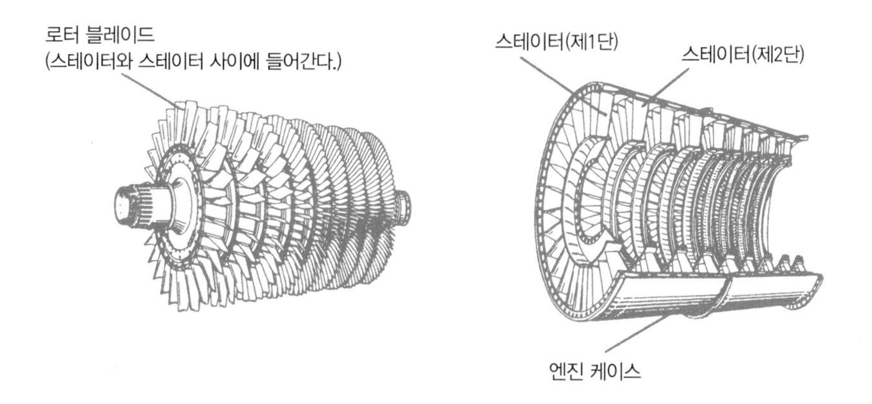

들어가도록 배치된다. 스테이터는 회전하지 않으며, 엔진 케이스에 고정돼 있다. 로터 1열과 스테이터 1열의 조합을 '단'이라고 한다. 단이 많을수록 공기를 고압축할 수 있다.

원심형 압축기 원심형 압축기그림 5-6는 임펠러의 중심 부분에서 공기를 흡입한 후, 임펠러를 고속 회전시켜 이때 생긴 원심력으로 방출하며 가압한다. 이 가압 공기는 디퓨저로 이동하며, 이곳에서 속도 에너지가 압력 에너지로 변환된다. 이 에너지는 매니폴드를 거쳐 연소실로 보내진다.

터보프롭 엔진과 터보샤프트 엔진 중에는 원심형 압축기를 쓰는 경우가 많다. 원심형 압축기는 높은 압력을 얻으려면 임펠러가 몇 단씩 필요한데, 이 때문에 구조가 복잡해져 고작해야 2단이 한계라는 문제점이 있다. 또한 전면 면적이 커서 공기를 대량으로 처리하지 못한다. 게다가 전면 저항이 크다는 단점도 있다. 이런 이유에서 현재는 고출력이 요구되는 대형 터보팬 엔진의 경우, 전부 축류형 압축기를 쓰고 있다.

그림 5-6 원심형 압축기의 구성

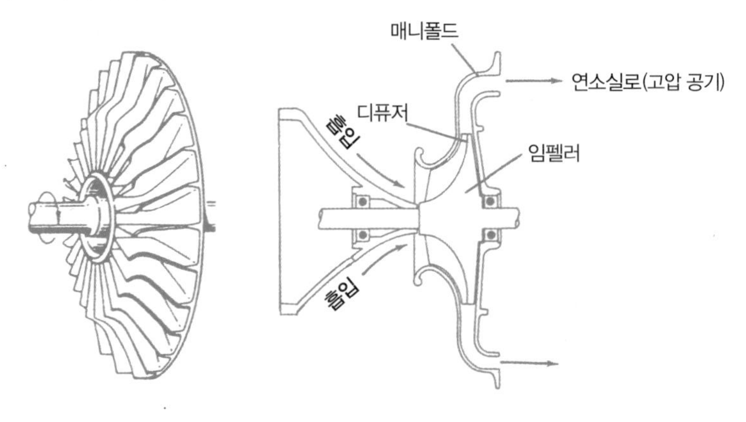

연소실 압축기에서 고압이 된 공기에 연료를 안개처럼 분사한다. 이런 식으로 고온 가스를 만드는 것이 연소실의 역할이다.

가스 흐름 연료 조절 장치에서 보낸 연료는 연료 노즐에서 고압이 되며, 안개 형태로 연소실에 분사돼 압축기에서 온 압축 공기와 섞여 혼합 기체가 된다. 그리고 점화 플러그에서 일으킨 전기 불꽃에 불이 붙어 고온 가스가 된다. 전기 불꽃은 엔진 시동 시에만 필요하며, 일단 고온 가스가 생기면 그 뒤에는 필요 없다.

연소실에서 연소 가스의 흐름은 두 종류다. 그림 5-7을 보면 연소실로 들어온 공기와 연소실에서 나가는 가스 흐름의 방향이 같은데, 이것을 직류형 연소실이라고 한다. 직류형 연소실은 대형 엔진에 쓰인다.

한편 헬리콥터에 사용되는 소형 엔진에는 역류형 연소실그림 5-8 이 쓰이는데, 연소실로 들어오는 공기와 연소실을 나가는 연소 가스 흐름의 방향이 반대다. 역류형 연소실을 쓰면 엔진의 전체 길이는 물론이고 엔진 무게도 줄일 수 있다.

그림 5-7 직류형 연소실

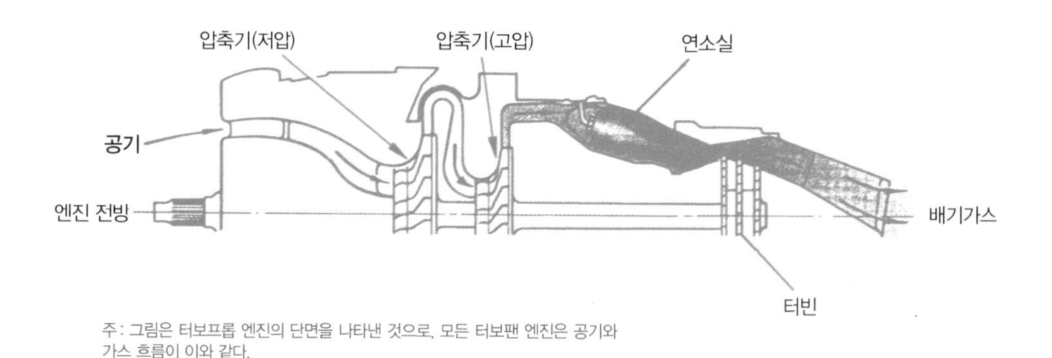

주 : 그림은 터보프롭 엔진의 단면을 나타낸 것으로, 모든 터보팬 엔진은 공기와 가스 흐름이 이와 같다.

그림 5-8 역류형 연소실

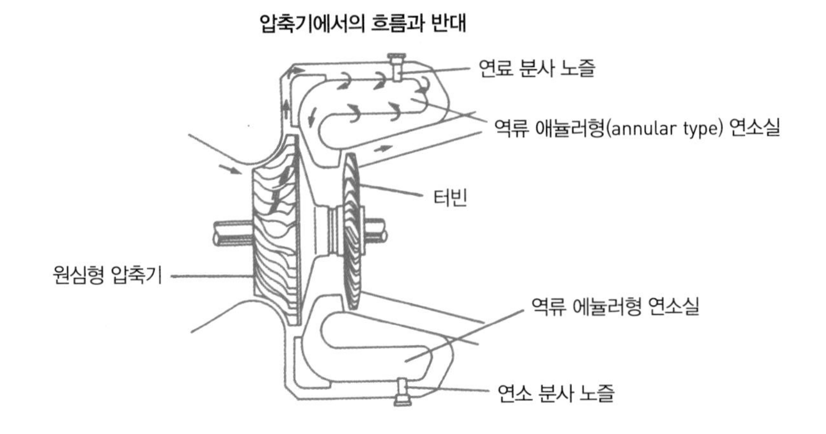

연소실에서 압축 공기의 흐름 압축기에서 압축된 공기는 연소실로 보내지는데, 이 압축 공기는 1차 공기와 2차 공기로 나뉜다.그림 5-9 1차 공기의 공연비(공기와 연료의 비)는 약 16 대 1이다. 다만 1차 공기 영역의 연소 온도는 섭씨 1,600~2,000도나 되는데, 터빈이 이 온도를 견뎌내지 못하기 때문에 직접 터빈으로 보낼 수는 없다. 그래서 2차 공기로 1차 공기의 연소 가스를 희석한다.

2차 공기 영역의 공연비는 50~120 대 1이며, 연소 온도는 섭씨 800~1,200도다. 요컨대 2차 공기는 연소를 하긴 하지만 연소실 내의 온도를 낮추는 역할을 한다. 또 압축 공기가 연소실로 들어올 때의 속도는 초속 100~200미터에 이르기 때문에 이 상태에서 연소시키면 화염은 고속 공기류에 꺼지고 만다. 그래서 1차 공기가 지나가는 길에 선회 안내 날개를 달아 이곳에서 압축 공기를 적당히 선회시켜 속도를 초속 10~20미터로 줄인다. 이렇게 해서 항상 안정적인 연소를 가능케 한다. 참고로 1차 공기와 2차 공기의 비율은 1 대 3이다.

그림 5-9 연소실의 공기 흐름

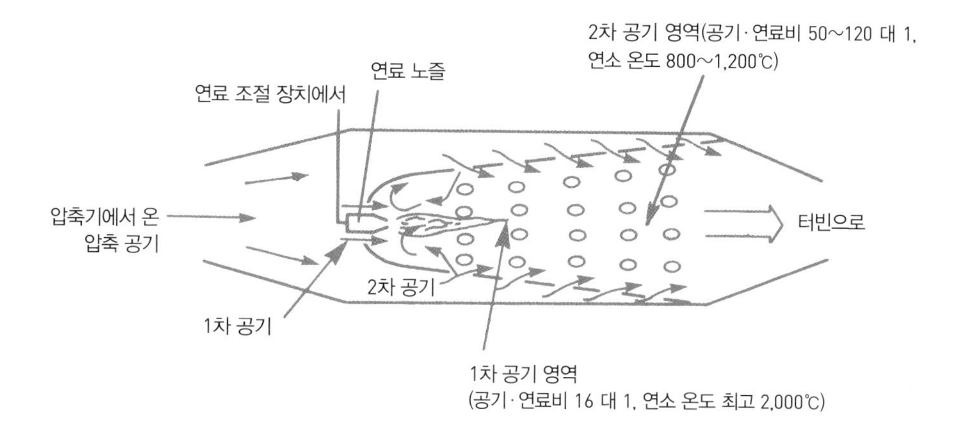

연소실의 유형 연소실 구조에는 세 종류가 있다. 캔형(통 모양의 연소실 5~10개를 동일한 원둘레 위에 나열한 것)과 애뉼러형(도넛 모양의 일체 구조로 된 것) 캔 애뉼러형(둘을 조합한 것)이다. 최신 엔진의 경우, 출력 크기에 상관없이 대부분 애뉼러형을 쓴다.

터빈

터빈의 형식 연소실을 나온 고온·고압가스를 팽창시켜 그 열에너지로 압축기와 로터를 회전시키는 것이 터빈이다. 터빈에는 레이디얼(radial)형과 축류형이 있는데, 최근에는 축류형이 대부분이다. 레이디얼형은 가스가 흐르는 방향과 회전 방향이 원심형 압축기와는 정반대다. 축류형 터빈그림 5-10은 축류형 압축기와 비슷하며, 정지 부분인 터빈 스테이터(터빈 노즐이라고도 한다.)와 회전 부분인 터빈 로터의 조합으로 구성돼 있다.

터빈 스테이터는 단면이 날개 모양인 노즐 가이드 베인을 고리 모양으로 배열한 것이다. 고온·고압가스를 팽창 감압시키는 역할을 하며, 고온·고압

가스가 터빈 로터에 최적의 각도로 부딪히도록 조절한다. 터빈 로터도 단면이 날개 모양이며, 터빈 디스크의 바깥 둘레에 부착돼 회전한다. 축류형 압축기와 마찬가지로 터빈 스테이터 1열과 터빈 로터 1열의 조합을 '단'이라고 하는데, 터보샤프트 엔진의 경우 대부분 2단이다.

터빈의 구조 그림 5-11은 터빈 로터 한 장(블레이드)을 나타낸 것이다. 그림을 봐도 알 수 있듯이, 블레이드의 뿌리와 끝은 그 설치각이 다르다.(블레이드를 비틀었다.) 블레이드를 비틀어서 블레이드의 주변 속도가 뿌리에서 끝으로 갈수록 반지름에 비례해 증가하지 않도록 했다. 즉, 블레이드의 뿌리부터 끝까지 모든 영역에서 균일하게 일할 수 있도록 한 것이다. 여기에 적용한 이론은 프로펠러와 동일하다.

블레이드를 터빈 디스크에 장착하는 방법은 여러 가지인데, 크리스마스트리(Christmas tree)형이라고 부르는 방식이 가장 널리 사용된다. 그림 5-12 블레

그림 5-10 축류형 터빈의 구성

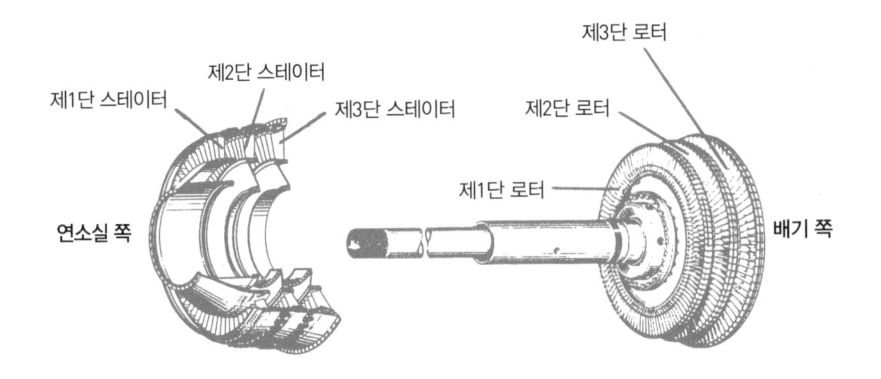

그림 5-11 터빈 블레이드의 형상

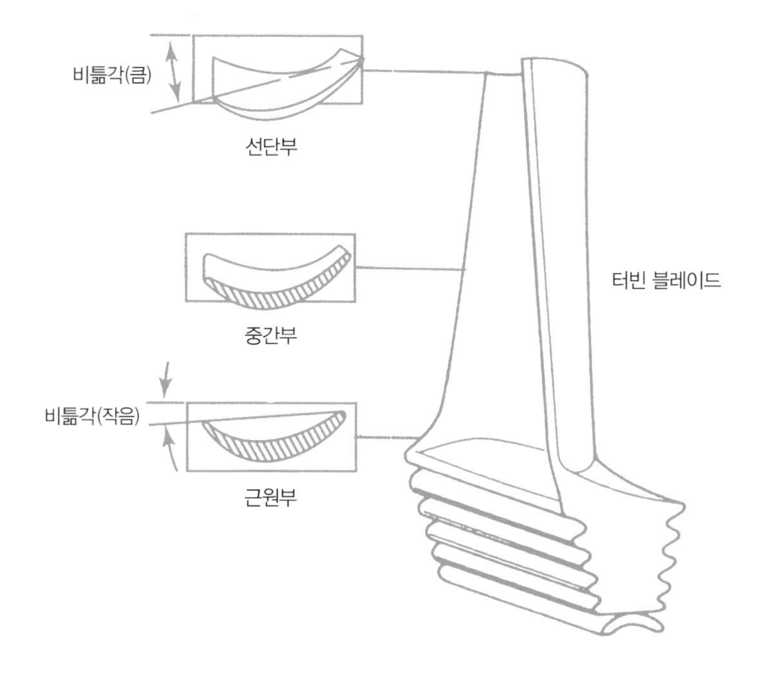

그림 5-12 터빈 블레이드를 장착하는 방법

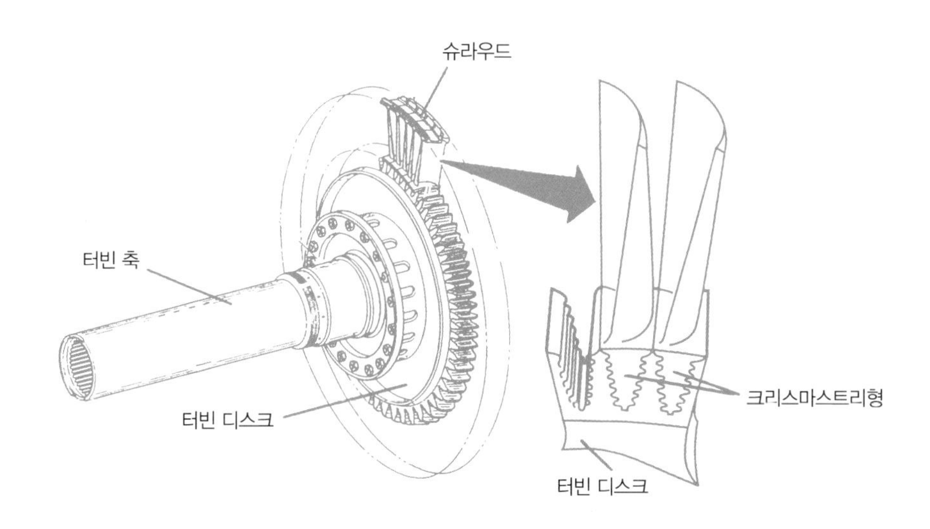

이드의 뿌리를 크리스마스트리가 뒤집힌 것 같은 모양으로 만들고, 터빈 디스크에 이것을 끼울 수 있도록 홈을 판다. 블레이드를 디스크에 장착할 때는 한 장씩 끼워 넣고, 쉽게 빠지지 않도록 핀 또는 얇은 판으로 고정한다.

또한 블레이드와 디스크가 맞물리는 크리스마스트리 부분에 약간의 틈새를 둬서 운전할 때 블레이드와 디스크의 온도 차이에 따른 열팽창량 차이로 발생하는 응력을 감소시킨다. 제트 여객기에 탑승하려고 엔진 앞을 지나갈 때, 바람 때문에 엔진이 공회전하고 있으면 딸깍딸깍 하는 소리가 들리는 것은 이 때문이다.

블레이드의 끝단에 슈라우드(shroud. 보호 덮개)를 설치한 터빈도 있다. 이것은 블레이드의 공진을 방지하고 연소 가스의 누출을 막기 위함이다. 가스 누출이 적을수록 터빈의 효율이 향상된다.

터빈의 냉각 연소실에서 터빈으로 나오는 연소 가스의 온도를 높일수록 압축기의 압축비를 높일 수 있으며 엔진의 열효율이 좋아진다. 터빈은 운전 중 섭씨 1,000도 전후의 고온에 지속적으로 노출될 뿐만 아니라 끊임없이 회전한다. 이런 가혹한 상황에서는 운전 중에 터빈이 점차 변형되고, 최악의 경우 부러질(크리프 현상) 우려도 있다. 그래서 터빈 부근에 온도계의 수감부를 설치하고 조종석 계기판에 온도계를 설치해 터빈 부분의 온도를 감시한다.

그러나 현재는 터빈 제작에 니켈기 내열 합금을 쓰면서 녹는점이 섭씨 1,000도 이상으로 높아졌을 뿐만 아니라, 공랭 터빈 블레이드가 개발되면서 가스터빈 엔진의 신뢰성이 더욱 높아졌다.

터빈 블레이드를 냉각하는 방법에는 여러 가지가 있는데, 그림 5-13은 그 중 대표적인 방법을 소개한 것이다. 대류 냉각은 터빈 블레이드의 내부에 공동(空洞)이 있어서 이곳으로 냉각 공기가 들어온 뒤 블레이드 끝단으로 빠져나간다. 한편 필름 냉각은 블레이드 내부의 공동으로 냉각 공기가 들어온 뒤 블레이드 표면에 설치된 작은 구멍으로 빠져나간다. 냉각 공기가 블레이드의 표면을 따라 흐르면서 블레이드를 냉각한다. 참고로, 기계적인 공작으로는 내열 합금에 냉각용 구멍(지름 0.05~0.5밀리미터)을 뚫기가 어렵기 때문에 레이저를 사용한다.

그림 5-13 터빈 블레이드를 냉각하는 방법

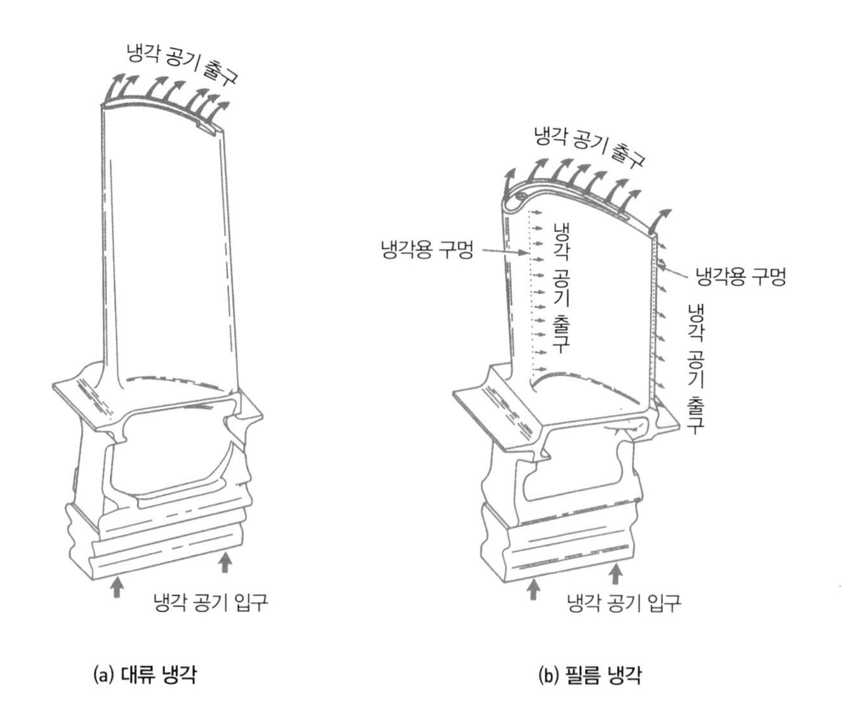

(a) 대류 냉각

(b) 필름 냉각

트랜스미션

트랜스미션의 역할 헬리콥터 트랜스미션의 역할은 기종에 따라 약간 차이가 있지만 크게 다음의 두 가지로 나뉜다.

① 엔진 회전을 감속시켜 메인 로터와 테일 로터에 전달한다.
② 유압 펌프(조종 계통을 작동시키거나 착륙 장치를 올리고 내리기 위한 동력원) 발전기(전력 확보) 연료 펌프 등의 보기를 구동한다.

트랜스미션을 탑재하는 장소도 기종에 따라 다르지만 대부분은 엔진 근처에 둔다. 그림 5-14는 대형 헬리콥터의 트랜스미션과 관련 기구를 보여준다. 이 헬리콥터는 엔진 2기를 탑재하고 있다. 엔진 2기에서 전달된 회전은 트랜스미션에서 하나로 합쳐져 메인 로터와 테일 로터 혹은 보기를 구동한다.

엔진의 터빈은 약 2만 3,000rpm(1분 동안 2만 3,000회전)으로 매우 빠르게 회전하는데, 트랜스미션 내의 감속 기어에서 약 260rpm이 된다. 이 회전수가 메인 로터에 전달된다. 또한 테일 로터의 구동축은 약 1,300rpm으로 감속된다. 터빈의 회전수나 로터의 감속 회전수는 기종에 따라 다르다.

프리휠 클러치 프리휠 클러치는 둥근 모양인 내륜과 외륜으로 구성돼 있으며, 그 사이에 롤러가 들어 있다. 엔진이 메인 로터를 구동하고 있을 때는 롤러가 엔진 쪽과 트랜스미션(로터) 쪽을 맞물고 있기 때문에 엔진 출력이 메인 로터에 전달된다. 그림 5-15

한편 엔진이 고장을 일으켜 엔진 회전이 메인 로터보다 느려지면, 롤러가 로터와 자동으로 분리된다. 작동하지 않는 엔진을 메인 로터로부터 떼어놓을 수 있는 것이다. 이때 만약 엔진과 로터의 연결이 분리되지 않으면, 로터는 오토로테이션(31쪽 참조) 중이기 때문에 정지한 엔진을 억지로 구동한다. 그 결과 로터 회전에 제동이 걸리며, 여기에 고장 난 엔진이 더욱 손상을 받아 사태가 악화할 수 있다. 물론 이 경우에도 남은 엔진으로 비행할 수 있다.

두 엔진이 모두 작동하지 않을 경우, 프리휠 클러치는 양쪽 모두 트랜스미션으로부터 분리된다. 물론 제1장에서 이야기했듯이 엔진이 고장을 일으켰을 때도 오토로테이션으로 착륙이 가능하다.

그림 5-14 트랜스미션의 전달 계통

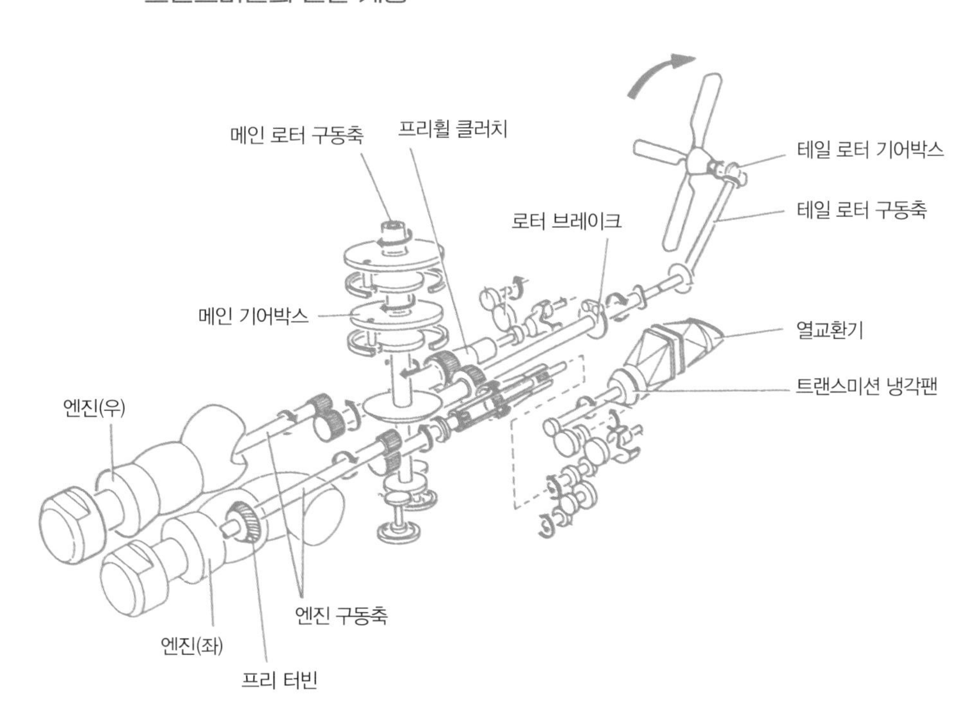

로터 브레이크는 엔진 정지 후 로터가 계속 회전하지 않도록 멈추는 역할을 한다. 보통 엔진 정지 조작 후 로터 브레이크 레버를 조작하면 로터가 정지한다. 그림 1-3

그림 5-15 프리휠 클러치의 구조

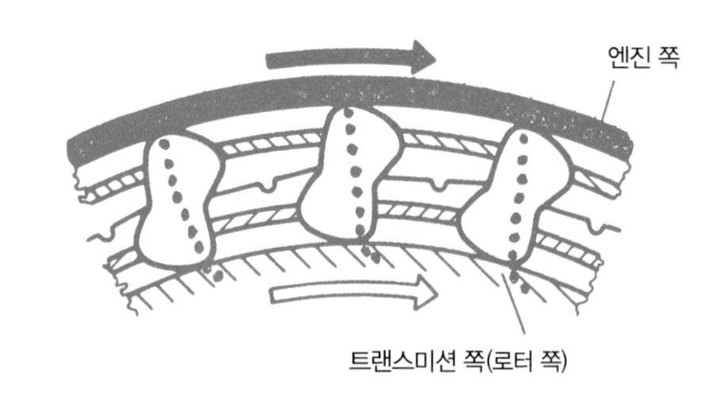

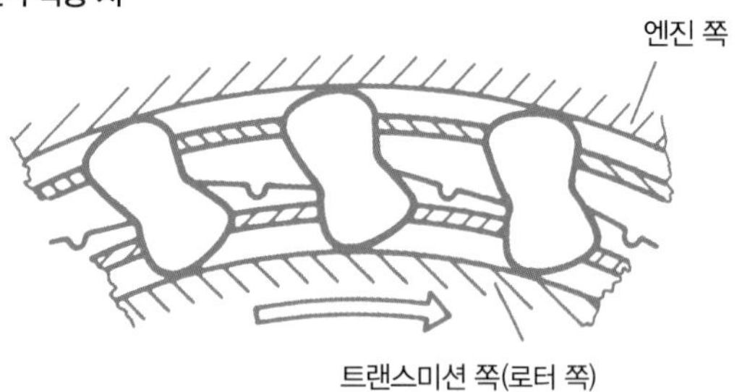

연료 계통

연료 계통이라고 하면 본래 연료 탱크에서 엔진까지의 길을 의미하지만, 여기에서는 먼저 연료부터 소개하겠다.

연료의 종류 항공기에서 사용하는 연료를 크게 나누면 경질 나프타와 중질 나프타, 등유 이렇게 세 종류다. 경질 나프타는 이른바 휘발유인데, 자동차에 사용하는 것보다 훨씬 질이 좋다. 요컨대 발열량이 크고, 기화성이 좋으며, 안티 노크성이 우수하다.(노킹이 잘 일어나지 않는다는 뜻) 또한 연료 탱크를 부식시키지 않으며, 내한성이 크다.(온도가 낮아도 얼지 않는다는 의미) 피스톤 엔진을 장비한 비행기와 헬리콥터가 휘발유를 사용한다.

한편 가스터빈 엔진의 연료는 중질 나프타와 등유다. 중질 나프타는 휘발유와 등유를 절반씩 혼합한 것으로, 정식 용어로 제트 B라고 한다. 한편 등유는 가정용 등유를 정제해서 순도를 높인 것으로, 제트 A-1이라고 부른다.(제트 A는 A-1과 비슷하지만 최대 빙점이 높다.) 제트 A-1 또는 제트 B를 흔히 제트 연료라고 한다. 현재는 대부분의 기종이 제트 A-1을 사용한다.

연료 탱크 비행기의 연료 탱크에는 합성 고무로 만든 블래더 탱크(bladder tank)와 주날개 또는 꼬리날개의 공간을 탱크로 만든 일체형 탱크가 있다. 제트 여객기를 비롯한 비행기 대부분은 일체형 탱크를 쓴다.

한편 헬리콥터의 경우, 동체 하부의 공간을 일체형 탱크로 만든 기종도 있

지만 대부분 블래더 탱크를 사용한다. 그림 5-16

연료 탱크는 동체 하부에 설치할 때가 많다. 이렇게 하는 이유는 바닥 밑에 있는 공간을 활용하려는 의도 때문이며 동시에 내추락(crashworthiness. 충돌 내구성)을 위해서다. 내추락성을 높이면 사고가 났을 때 승객과 승무원의 생존율을 최대한 올릴 수 있다. 연료 탱크가 동체 하부에 있으면, 충돌로 동체 하면이 파괴돼도 연료 탱크의 합성 고무나 공간이 완충재 역할을 해서 승객과 승무원을 보호한다.

그림 5-16에서는 잘 안 보이지만, 탱크는 전방 탱크와 공급 탱크, 후방 탱크로 구분된다. 이런 방식은 헬리콥터가 급격하게 운동할 때 연료가 한쪽으로 쏠리지 않게 한다. 연료가 한쪽으로 쏠리면 균형이 무너지기 때문에 헬리콥터 안전에 좋지 않다.

그림 5-16 연료 탱크의 배치

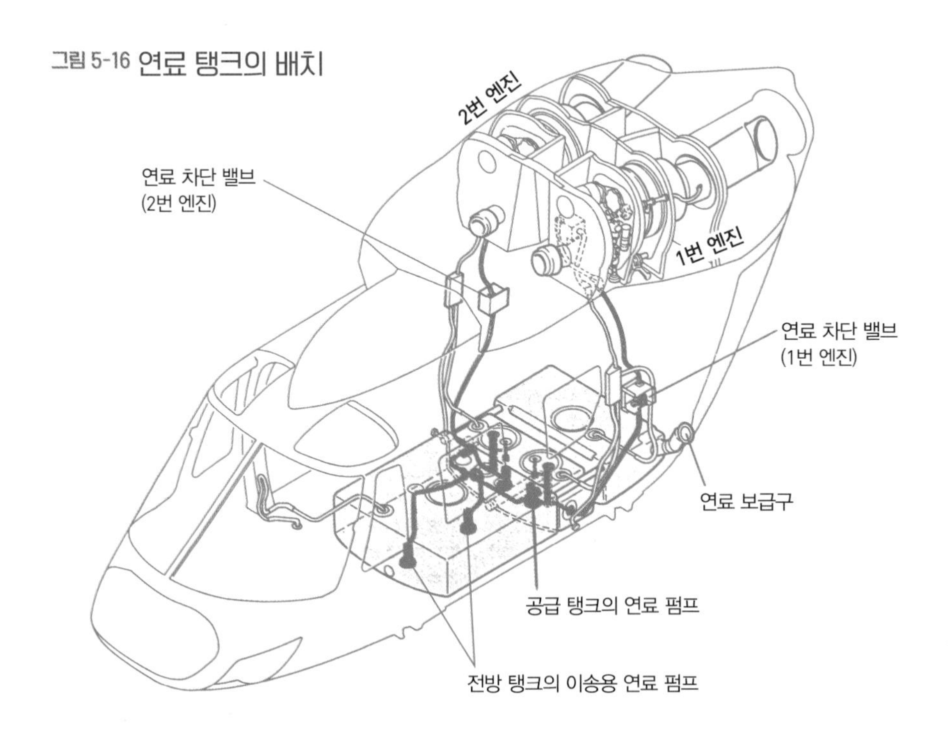

연료 보급 제트 여객기에 연료를 보급할 때는 주날개 하부(탱크 바닥 부분)의 보급구에 연료 호스를 접속하고 연료에 압력을 가해서 탱크로 보내는 압력 보급식을 사용한다. 압력 보급식은 단시간에 연료를 대량으로 보급할 때 적합하다. 한편 소형 비행기나 헬리콥터의 경우, 제트 여객기에 비하면 탱크 용량이 작으므로 자동차에 연료를 보급할 때와 똑같이 중력 보급식을 사용한다.

헬리콥터의 연료 보급구는 동체 측면에 있는 경우가 많다.그림 5-16 참조 연료 탱크의 용량은 기종에 따라 다르지만, 중형 헬리콥터의 경우 약 600리터, 드럼통으로 환산하면 약 3개 분량을 탑재할 수 있다.

엔진 시동을 걸 때는 보급 탱크의 연료 펌프(전기 모터)를 작동시켜 연료를 엔진에 공급한다. 시동을 건 뒤에는 엔진 구동식 연료 펌프가 연료를 빨아올리지만, 이때도 공급 탱크의 연료 펌프를 켜두는 기종이 많다.

연료량계 연료 탱크에 들어 있는 연료량은 조종석의 계기판에 있는 연료량계로 확인할 수 있다. 연료량계의 송신부(트랜스미터)는 연료 탱크 안에 있다. 트랜스미터는 중심이 같은 이중 튜브(커패시터)로 구성돼 있다. 연료의 레벨(양)이 증가하거나 감소하면 이중 튜브 사이의 연료량도 증가하거나 감소한다. 이에 따라 유전율의 값이 변해 트랜스미터의 용량(정전 용량)이 변화하며, 이 신호를 연료량계그림 5-17에 보낸다. 또한 연료량계와 별도로 저연료량 경고등이 독립 계통으로 준비돼 있다.

저연료량 트랜스미터의 주요 부분은 리드 릴레이로, 자기 부표(플로트)에 의해 움직이는 축 속에 들어 있다. 연료 탱크에 연료가 많이 들어 있을 때는 플로트가 위로 올라가 있기 때문에 리드 릴레이가 작동하지 않는다. 그러나 탱크 안에 있는 연료가 일정량 이하가 되면 아래로 내려온 플로트가 리드 릴

그림 5-17 엔진/연료 계통의 계기

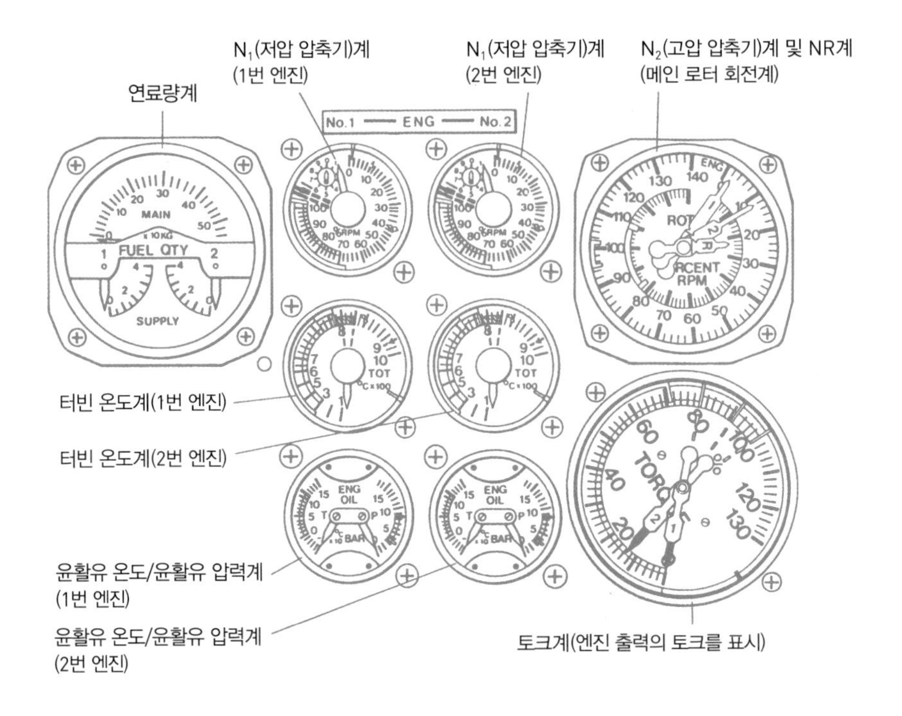

레이를 작동시켜 계기판에 있는 저연료량 경고등의 어넌시에이터 패널에 불이 들어온다.

방화와 배수 엔진 화재에도 완벽하게 대응할 수 있는 장비가 갖춰져 있다. 만에 하나 엔진 화재가 발생하면 자동으로 연료 차단 밸브가 작동해 엔진으로 연료를 보내지 않는다.(자세한 내용은 119쪽 '방화 · 소화 장치' 참조)

연료에 물이나 이물질이 섞이면 최악의 경우 엔진이 정지한다. 그래서 각 연료 탱크의 가장 낮은 위치에 배수 밸브를 설치하고, 비행 전에 물이나 이물질을 빼낸다.

윤활 계통

윤활유 엔진과 트랜스미션의 내부에는 각종 기어와 압축기, 터빈의 작동을 돕는 베어링이 있기 때문에 이것을 적절히 윤활하는 윤활유가 반드시 필요하다. 윤활유를 기어나 베어링에 보내는 장치를 윤활 계통이라고 한다.

항공용 윤활유는 온도에 따른 점도 변화가 작고, 산화 안정성이 높으며, 내열성이 우수해야 한다. 현재 이 조건을 만족하려면 합성유를 사용해야 한다.

윤활유는 순환 사용이 가능하지만 그 과정에서 조금씩 소비되므로 비행시간을 감안해서 보급한다. 다만 피스톤 엔진처럼 연료실에서 연소되는(단, 소량) 일도 없기 때문에 피스톤 엔진에 비해 적게 소비된다.

또 윤활유는 정기적으로 교환한다. 정기 점검은 비행시간(예를 들면 100시간)을 기준으로 삼을 때가 많다. 이때 윤활유 필터에 금속 부스러기가 없는지도 점검한다.

트랜스미션의 냉각 그림 5-18은 트랜스미션의 해부도이며, 그림 5-19는 트랜스미션 속에 있는 각종 기어의 윤활과 냉각을 담당하는 계통을 나타낸 것이다. 다만 그림에서는 트랜스미션 내부에 있는 각종 기어가 생략돼 있다.

이 계통은 페일 세이프(fail safe. 고장이 났을 경우를 대비해 기계나 시스템을 설계하는 것)를 위해 독립된 두 계통으로 구성된다. 그림의 좌우가 대칭인 것은 이 때문이다.

윤활유 섬프(sump)에는 윤활유가 고여 있다. 이 윤활유를 윤활유 펌프가 빨아들이며, 윤활유 냉각기로 보내 냉각한다. 윤활유 펌프 앞에는 흡입 필터

그림 5-18 트랜스미션의 해부도

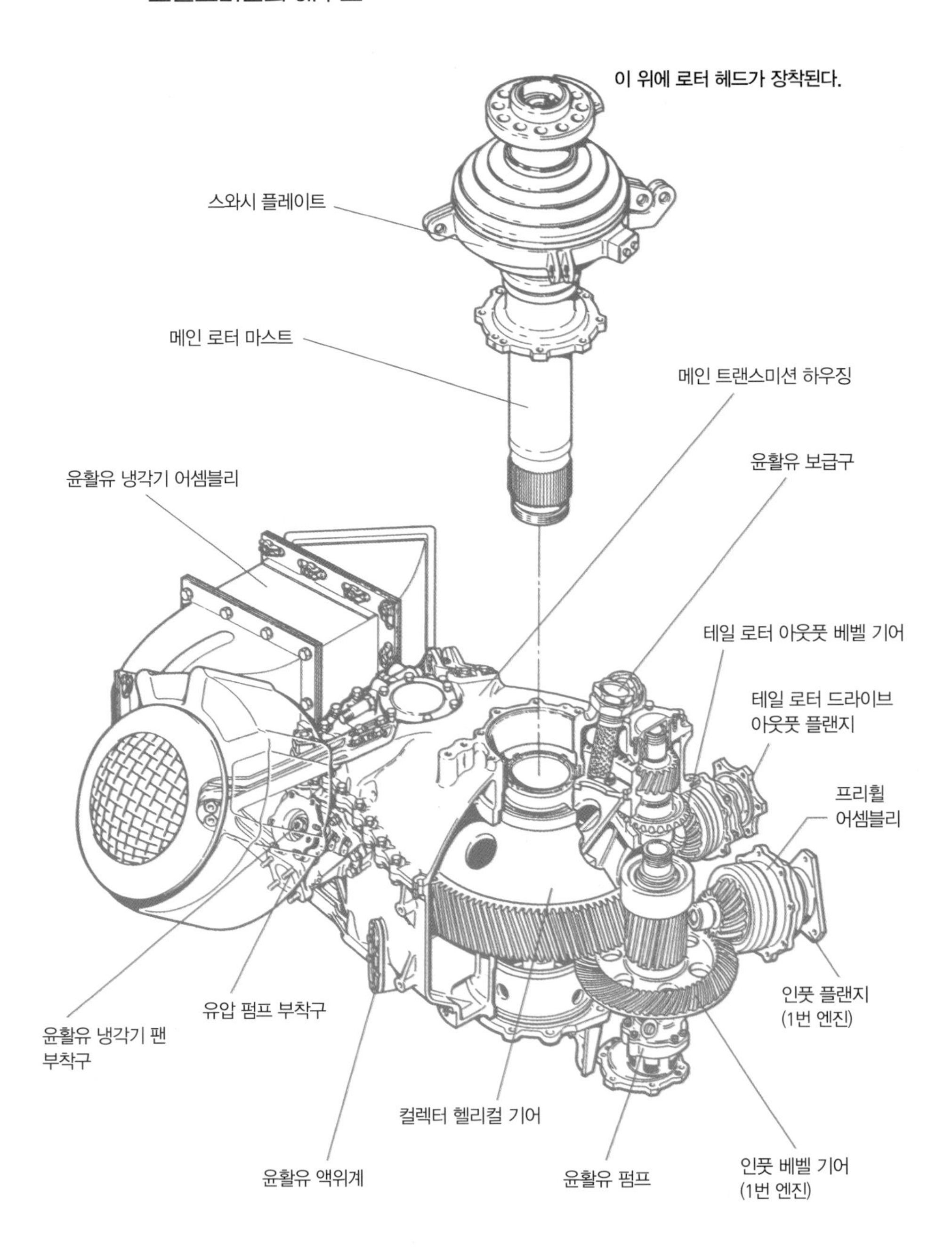

가 있는데, 금속 이물질이 계통 안으로 섞여 들어가는 것을 방지한다. 윤활유는 윤활유 냉각기로 들어가기 전에 이 필터를 거치며, 이곳이 막혔을 때는 우회 파이프를 거쳐서 윤활유 냉각기로 들어간다.

헬리콥터의 냉각기에는 팬이 달려 있어서 이것으로 강제 냉각을 한다. 비행기의 경우, 전진 속도가 있으므로 팬이 필요 없지만 헬리콥터는 저속 비행이나 호버링을 하는 까닭에 냉각기에 공기가 닿지 않을 때도 있다. 그래서 팬이 필요하다.

분배기에는 곳곳에 노즐(작은 구멍)이 설치돼 있으며, 이 노즐로 스프레이

그림 5-19 트랜스미션 내부의 윤활 계통

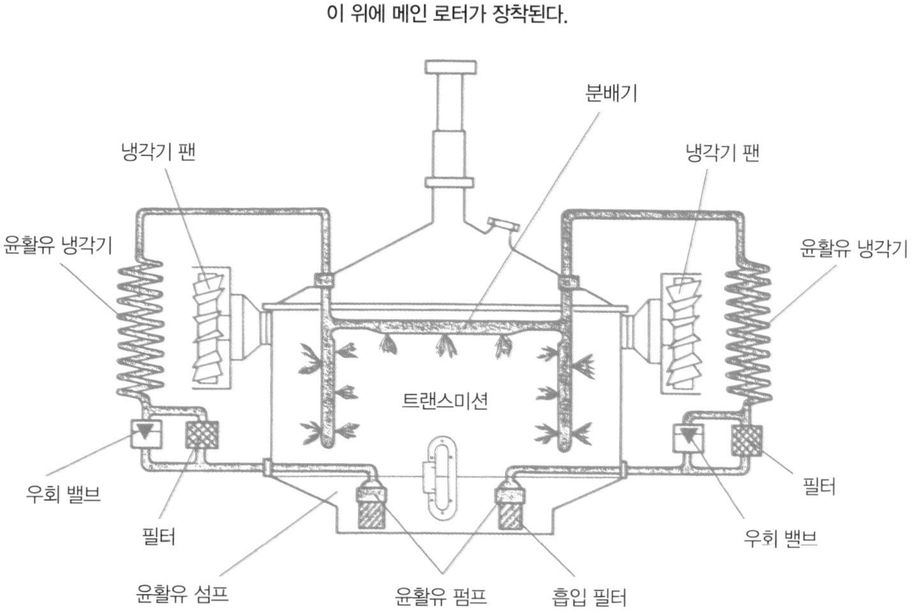

그림 5-20 터보샤프트 엔진의 윤활 계통

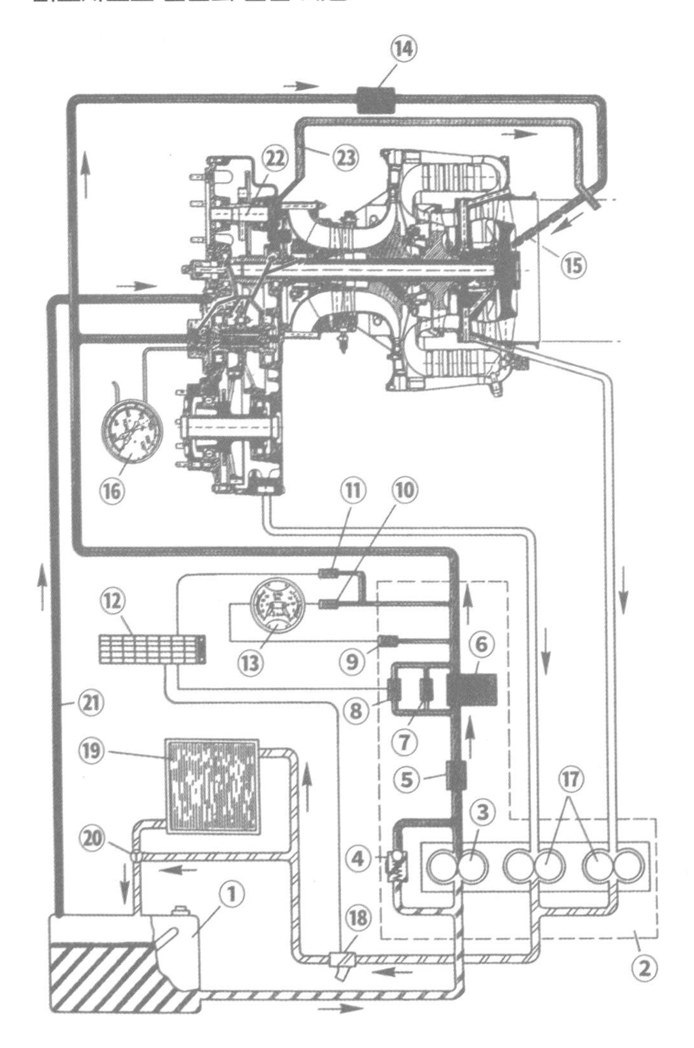

① 윤활유 탱크
② 윤활유 펌프 앤드 필터 어셈블리
③ 고압 펌프
④ 압력 조절 밸브
⑤ 체크 밸브
⑥ 윤활유 필터
⑦ 윤활유 필터 우회 밸브
⑧ 우회 스위치
⑨ 유온 수감부
⑩ 유압 수감부
⑪ 유압 스위치
⑫ 어넌시에이터 패널(계기판)
⑬ 유온·유압계
⑭ 체크 밸브
⑮ 터빈 축수 베어링
⑯ 토크계
⑰ 스카벤지 펌프
⑱ 자석식 금속 조각 검출기
⑲ 윤활유 냉각기
⑳ 열 우회 밸브
㉑ 윤활유 탱크 벤트
㉒ 공기·윤활유 분리기
㉓ 액세서리 기어박스 벤트

공급유
압력유
스카벤지유
스카벤지 리턴유
벤트

처럼 윤활유를 분사해 모든 베어링과 기어 혹은 프리휠 어셈블리를 윤활한다. 베어링과 기어를 윤활한 윤활유는 중력에 의해 자연스럽게 윤활유 섬프에 떨어진다.

엔진의 윤활 그림 5-20은 터보샤프트 엔진의 윤활 계통을 나타낸 것이다. 그림의 숫자를 참고해 하나하나 살펴보자.

윤활유 탱크(①)에 있는 윤활유는 엔진 구동식 고압 펌프(③)에 빨아올려져 고압이 되고, 윤활유를 한쪽 방향으로만 흐르게 하는 체크 밸브(⑤)를 지나 윤활유 필터(⑥)로 간다. 윤활유에 섞여 있던 불순물은 이 필터에서 여과된다. 필터를 통과한 윤활유는 기어박스 혹은 압축기·터빈의 작동을 돕는 축수 베어링을 윤활한다.

윤활을 마친 윤활유는 스카벤지 펌프(⑰)에 의해 자석식 금속 조각 검출기(⑱)와 윤활유 냉각기(⑲)를 지나 윤활류 탱크로 돌아간다. 유온·유압계(⑬)는 조종석의 계기판에 있어서 수시로 확인이 가능하다.

자석식 금속 조각 검출기는 기어나 베어링의 파편 같은 금속 부스러기를 끌어당기고, 이것을 조종석의 센터 콘솔에 있는 어넌시에이터(⑫)에 표시한다. 어넌시에이터는 미리 설정한 제한을 초과하거나 문제가 발생했을 때 경고등이나 경고음으로 조종사에게 알리는 장치다.

윤활유의 온도가 규정보다 높으면 열 우회 밸브(⑳)가 작동해 윤활유 냉각기를 지나게 한다. 벤트 라인은 윤활유 탱크 안의 압력을 기어박스 내부 혹은 대기와 같은 압력으로 유지하는 역할을 한다. 윤활유가 기어박스 내부에서 윤활을 하면 공기를 품게 된다. 이 공기는 윤활에 방해가 되므로 공기·윤활유 분리기(㉒)로 공기를 분리해 대기로 방출한다.

제 6 장

헬리콥터 기체의 구조

동체 구조

모노코크/세미모노코크 구조 헬리콥터에는 여러 종류의 구조 양식이 있는데, 그림 6-1은 중형 헬리콥터인 가와사키 BK 117의 동체 구조를 그린 것이다. 중형기의 경우, 엔진과 트랜스미션이 동체 상부에 있다.

동체는 프레임으로 돼 있으며, 이 프레임의 직각 방향, 즉 동체 전방에서 후방에 걸쳐 스트링거(stringer) 수십 개가 배치돼 있다. 스트링거는 단순한 평판이 아니라 L자 또는 U자 모양으로 만들어져 있기 때문에 휨 모멘트에 강하다. 이 프레임과 스트링거에 외판이 덮여 있다.

헬리콥터 동체의 외판에는 그동안 알루미늄 합금이 많이 쓰였는데, 최근에는 복합 재료가 주류다.(169쪽 참조) 이것은 복합 재료의 신뢰성과 성형 가공성, 경량화 등이 충분히 입증됐기 때문이다.

프레임과 스트링거, 외판으로 구성된 것을 세미모노코크(semi-monocoque) 구조라고 하며, 대형 제트 여객기도 이 구조를 쓴다. 한편 프레임과 외판만으로 구성된 것을 모노코크 구조라고 하며, 헬리콥터의 경우 테일 붐에 이 구조를 쓴 기종이 있다. 이 부분은 그다지 강도가 높지 않아도 되는 까닭에 모노코크 구조를 써서 무게와 제작 비용을 줄인다.

트러스 구조 골조만으로 구성된 트러스(truss) 구조가 있다. 그림 6-2 부재는 강관으로 이뤄져 있으며, 각 부재의 말단은 핀 또는 용접으로 결합한다. 초기에는 비행기와 헬리콥터의 대부분이 트러스 구조를 이용했다. 그러나 관속의 부식을 점검하거나 방지하기가 번거롭고, 정비에 시간이 많이 걸리며,

그림 6-1 동체 구조

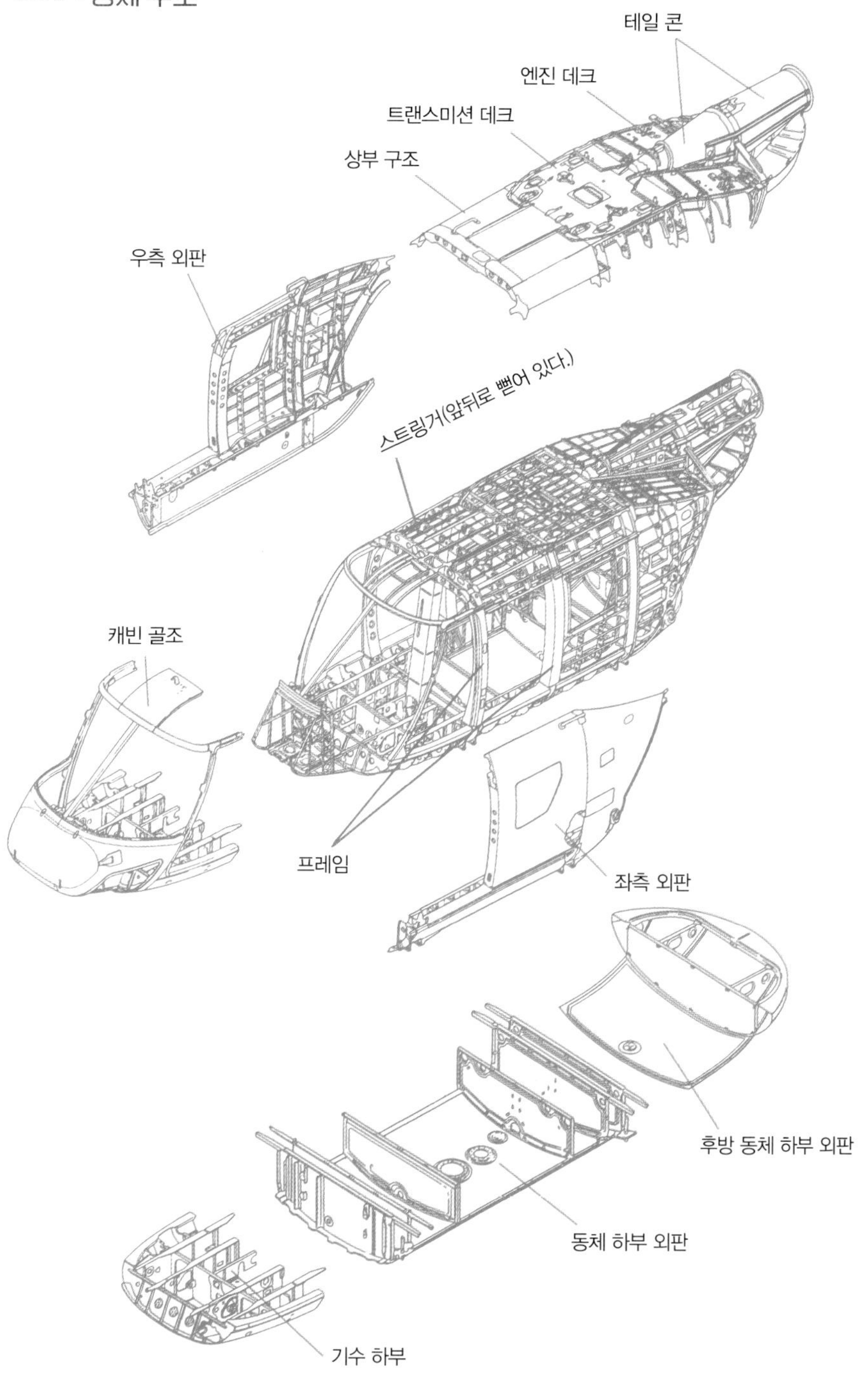
테일 콘
엔진 데크
트랜스미션 데크
상부 구조
우측 외판
스트링거(앞뒤로 뻗어 있다.)
캐빈 골조
프레임
좌측 외판
후방 동체 하부 외판
동체 하부 외판
기수 하부

기내 공간을 확보할 수 없다는 단점이 있다. 현재 트러스 구조의 기체는 얼마 남아 있지 않으며, 그마저도 조만간 사라질 운명이다.

그림 6-2 트러스 구조의 헬리콥터

테일 유닛과 착륙 장치

테일 유닛 테일 유닛(테일 붐, 수직 안정판, 수평 안정판, 테일 로터 등)은 동체 쪽의 콘 플랜지에 볼트로 결합돼 있다. 그림 6-3 구조 양식은 세미모노코크 또는 모노코크다. 외판은 알루미늄 합금이지만 복합 재료를 사용하는 기종도 많다.

테일 붐의 외측 상부에는 테일 로터를 회전시키는 구동축이 있으며, 페어링으로 덮여 있다. 구동축이 테일 붐 안에 있으면 페어링은 필요 없으며 테일 붐도 깔끔해진다. 그러나 구동축의 점검과 교환이라는 측면에서 생각하면 페어링으로 덮는 편이 더 낫다.

그림 6-3 테일 유닛

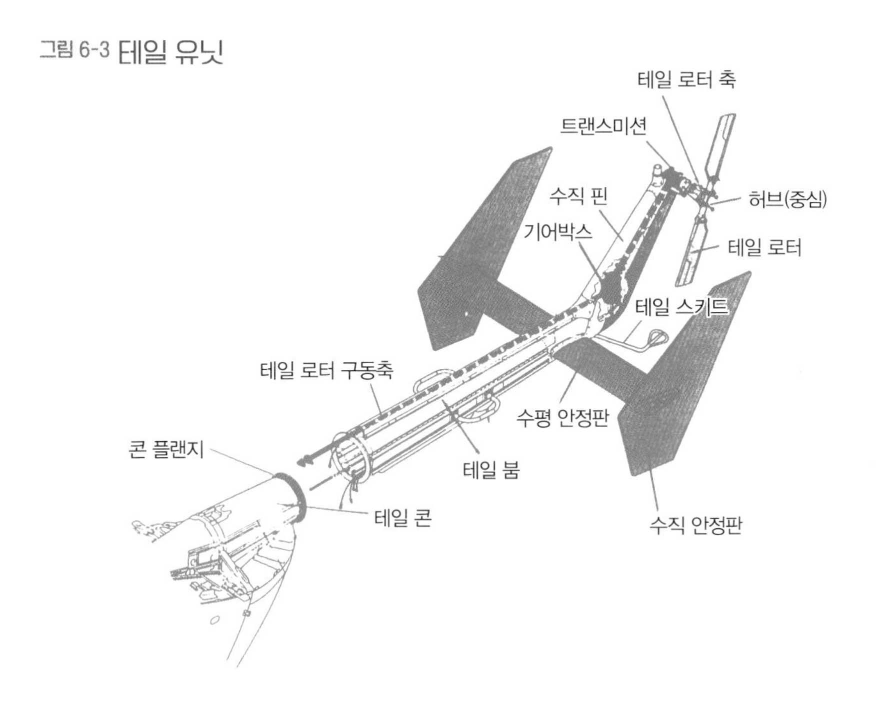

그림 6-4 스키드식 착륙 장치

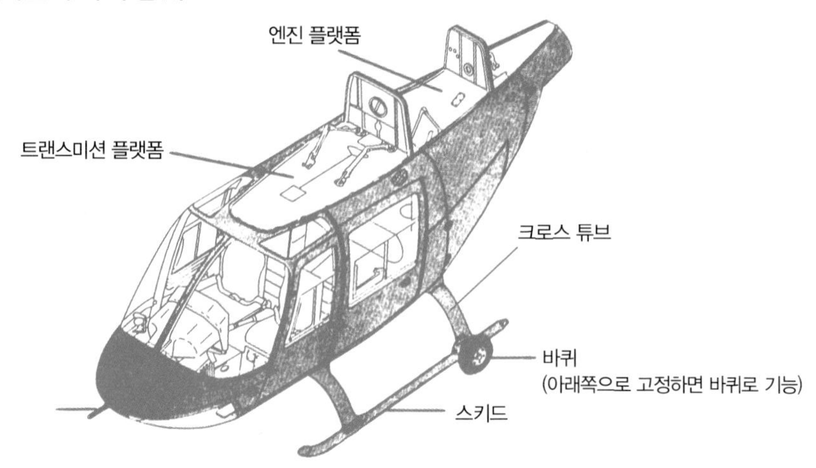

그림 6-5 스키나 플로트를 장비하는 경우

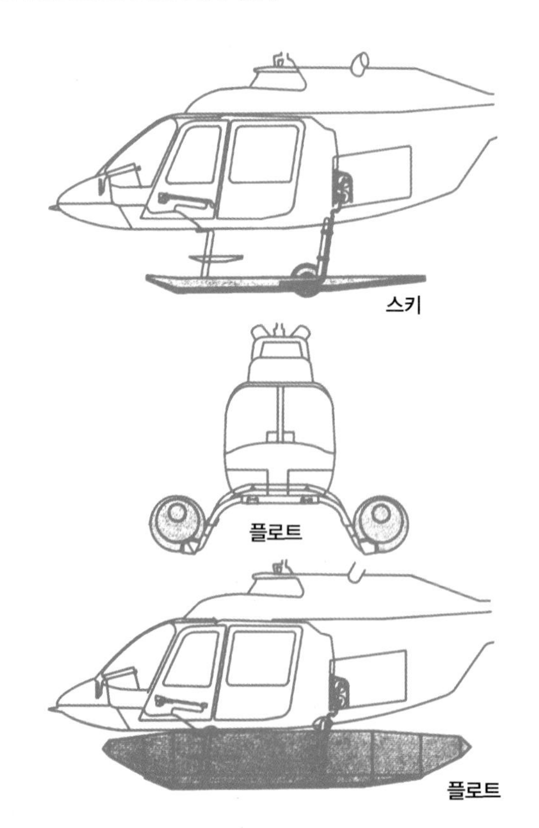

이착륙 시 비정상적인 기수 상승 조작을 했을 때 테일 로터나 수직 핀이 지면과 접촉하는 상황을 방지하고자, 대부분의 헬리콥터에는 수직 핀 아래에 테일 스키드가 장착돼 있다.

착륙 장치 헬리콥터는 이륙할 때 수직 혹은 대각선으로 상승하고, 착륙할 때 수직으로 착지하므로 비행기처럼 이륙 활주나 착륙 활주를 할 필요가 없다. 그런 까닭에 헬리콥터의 착륙 장치는 비행기만큼 튼튼하지 않아도 되며, 강력한 제동 장치도 필요 없다. 그래서 헬리콥터 중에는 착륙 장치로 스

그림 6-6 스키드를 장착하는 방법

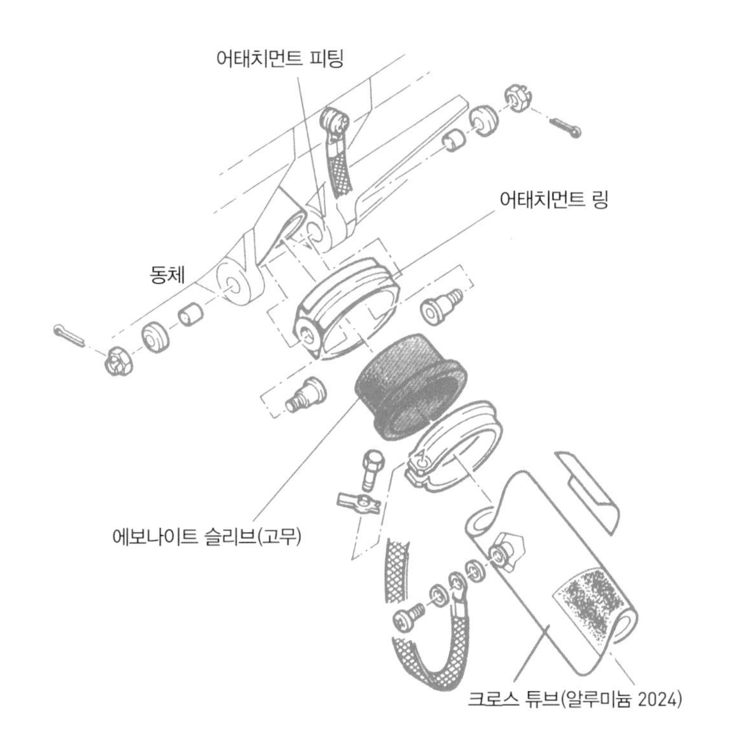

키드그림 6-4를 장비한 기종이 많다. 그림 6-4에 보이는 바퀴도 헬리콥터가 지상을 이동할 때 사용되며, 보통은 스키드 위에 있어서 지면과 접촉하지 않는다.

스키드에 스키 혹은 플로트를 부착하면 눈이나 물 위에 내릴 수 있다. 그림 6-5 착륙할 때 동체에 과도한 응력이 가해지는 것을 방지하기 위해 어태치먼트 링그림 6-6이 크로스 튜브와 동체 프레임 사이에서 스위벨링(swiveling. 회전)하며, 크로스 튜브가 휘어지면서 휨 모멘트를 흡수한다.

다만 대형기에는 바퀴식그림 6-7이 많다. 바퀴식의 경우, 엔진을 가동(메인 로터를 회전)하거나 견인차에 연결해 지상을 주행할 수 있다. 또 비행 속도를 중시하는 기종은 비행 중 저항을 줄이기 위해 동체 안에 바퀴를 격납할 수 있는 방식을 쓴다. 예외적으로 소형기 중에도 바퀴식을 쓰는 기종이 있다.

그림 6-7 대형기에 많은 바퀴식 착륙 장치

금속 재료

헬리콥터 엔진 주변에는 스테인리스강처럼 열에 강한 소재가 사용된다. 또한 동체를 형성하는 프레임과 스트링거, 고강도가 요구되는 착륙 장치에는 알루미늄 합금이나 강철이 쓰인다. 요컨대 전부 금속 재료다.

물론 금속이라고 해도 그 종류는 다양하며, 당연한 말이지만 비중이 큰 금속은 항공기에 사용할 수 없다. 오늘날 항공기에 사용되는 대표적인 금속은 알루미늄 합금이다.

알루미늄 합금 순수한 알루미늄의 비중은 2.7로, 많이 쓰이는 금속 중에서는 마그네슘 다음으로 가볍다. 다만 기계적 성질, 특히 인장 강도가 약한 탓에 순수 알루미늄에 마그네슘과 망간, 규소, 구리, 아연 같은 합금 원소를 더해 강도를 높인 개량 알루미늄 합금이 여러 종류 있다. 이 합금은 '미국알루미늄협회(AA)'가 결정한 규격(AA규격)에 따라 분류되는데, 그 종류는 다음과 같다.

알루미늄 1100 순도 99퍼센트 이상의 순수 알루미늄. 물러서 가공성이 좋으며 내식성이 우수한 까닭에 연료 탱크나 윤활유 탱크, 파이프 등에 사용된다. 기계적 강도가 약해서 다른 부재에는 사용되지 않는다.

알루미늄 2014 순수 알루미늄에 구리 4.4퍼센트, 규소 0.8퍼센트, 망간 0.8퍼센트, 마그네슘 0.4퍼센트가 함유된 알루미늄 합금. 응력(하중을 받은 물체 내부에 생기는 저항력)이 큰 부분의 단조품(앵글재)에 사용된다.

알루미늄 2017 순수 알루미늄에 구리 4퍼센트, 마그네슘 0.5퍼센트, 망간 0.5퍼센트가 함유된 알루미늄 합금. 독일인 알프레드 빌름(1869~1937년)이 발명한 '두랄루민'으로 유명하다. 발명 당시는 항공기 외판에 사용됐지만, 현재는 외판이 아니라 스트링거나 프레임 또는 외판 등을 일체화한 리벳에 많이 사용된다.

알루미늄 2024 순수 알루미늄에 구리 4.5퍼센트, 마그네슘 1.5퍼센트, 망간 0.6퍼센트가 함유된 알루미늄 합금. 인장 강도가 48kg/mm^{2}에 내력(耐力)이 34kg/mm^{2}나 되기 때문에 테일 붐 그림 6-3의 외판에 많이 사용된다.

참고로 내력은 알루미늄 합금처럼 명확한 항복점(일정 수준 이상으로 응력이 증가하지 않아도 변형이 증가하는 최소 응력)이 없는 경우, 해당 재료에 일정량(0.2퍼센트)의 영구 변형(응력 때문에 물체 내부에 발생하는 변형)을 발생시키는 응력을 가리킨다.

알루미늄 6061(5052) 순수 알루미늄에 마그네슘 4.4퍼센트, 규소 0.8퍼센트, 구리 0.8퍼센트, 크롬 0.4퍼센트가 함유된 알루미늄 합금. 내식성이 좋고 용접이 가능할 뿐만 아니라 가공성이 좋은 까닭에 날개 끝단이나 엔진 커버(카울링), 냉난방용 덕트 등 곡선이 있는 장소 혹은 연료 탱크나 윤활유 탱크와 엔진을 연결하는 튜브에 사용된다.

알루미늄 7075 순수 알루미늄에 아연 5.6퍼센트, 마그네슘 2.5퍼센트, 구리 1.6퍼센트, 크롬 0.3퍼센트가 함유된 알루미늄 합금. 인장 강도 58kg/mm^{2}에 내력 55kg/mm^{2}로 알루미늄 2024보다 더욱 강력한 합금이다. 다만 리벳

구멍을 뚫는 작업을 할 때 균열이 생기기 쉽고(외력에 약함) 가공성이 나쁘며 반복 하중(인장 · 압축)에 약하다는 단점이 있다.

접지 시의 압축 응력을 견뎌낼 수 있을 만큼의 강도가 있기 때문에 헬리콥터에서는 착륙 장치인 스키드에 사용된다.그림 6-8 한편 같은 착륙 장치라도 착륙 시 충격을 흡수할 필요가 있는 크로스 튜브에는 탄력성이 더 좋은 알루미늄 2024가 사용되는 일이 많다.그림 6-6 참조

마그네슘 합금 마그네슘에 알루미늄과 아연, 망간, 지르코늄을 첨가해 기계적인 강도를 높인 합금이다. 마그네슘 합금의 비중은 약 1.8로 알루미늄

그림 6-8 알루미늄 합금으로 만든 착륙 장치

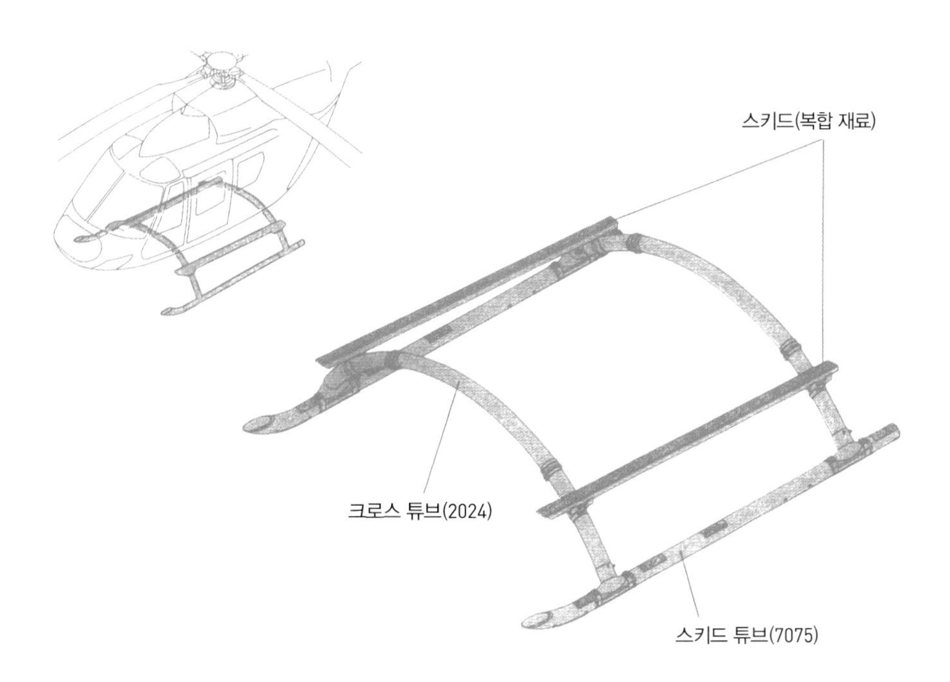

합금보다 가볍다. 그래서 중량 경감을 위해 트랜스미션이나 감속 기어박스의 케이스 혹은 착륙 장치의 바퀴(휠) 등에 사용된다. 다만 내열성과 내마모성이 나쁘며, 비행 하중을 직접 기체에 전달하는 부분에는 강도가 더 큰 알루미늄 합금인 2024나 7075의 단조품이 사용되기도 한다.

티타늄 합금 순수 티타늄과 알루미늄, 몰리브덴을 첨가한 티타늄 합금이 사용된다. 티타늄 합금의 비중은 4.5로 마그네슘 합금과 알루미늄 합금 다음으로 가볍다. 또 부식에 강하다고 하는 스테인리스강보다 내식성이 우수하며, 섭씨 200~500도의 고온에서도 강도를 유지한다.(참고로 알루미늄 합금의

그림 6-9 로터 블레이드의 단면 구조

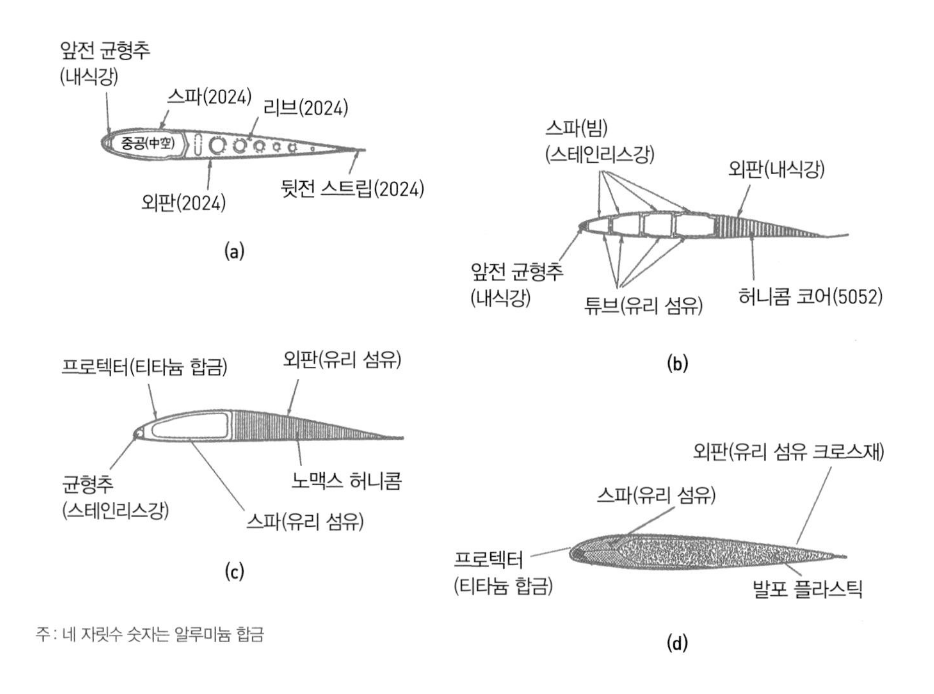

주: 네 자릿수 숫자는 알루미늄 합금

경우 섭씨 100~150도가 넘어가면 급격히 강도가 저하된다.) 이런 이유에서 엔진 부품의 일부 그리고 최근에는 메인 로터 블레이드의 프로텍터그림 6-9 (c) (d)에 티타늄 합금이 사용된다.

강철 순철에 각종 원소(탄소, 니켈, 크롬, 망간, 몰리브덴, 텅스텐 등)를 첨가해 합금으로 만들면 내식성(잘 부식되지 않음), 내열성(열에 따른 강도 저하가 없음), 기계적 성질 등이 향상된다. 이런 합금을 일반적으로 강철이라고 한다. 항공기에 사용되는 강철은 크게 세 종류로, 탄소강과 합금강, 내식강이다.

탄소강 철에 탄소가 0.02~2퍼센트 함유된 것. 조종 계통의 케이블이나 레버가 탄소강으로 만들어진다.

합금강 탄소강에 탄소 이외의 원소를 미량 첨가한 것으로, 고장력강이라고도 한다. 합금강에는 크롬몰리브덴강, 니켈크롬몰리브덴강이 있다.

크롬몰리브덴강은 볼트나 다리 부품에 사용된다. 니켈크롬몰리브덴강은 피스톤 엔진의 크랭크축이나 메인 로터의 축에 사용된다. 특히 로터 축은 회전 하중이 크게 작용하기 때문에 피로 강도가 큰 진공 용융강(진공에서 용융, 단조해 불순물을 제거한다.)이 사용된다. 만약 불순물이 섞여 있으면 사용 중에 그곳에서 결손이 확대돼 파괴되기도 한다. 진공 용융강은 트랜스미션의 감속 기어나 프리휠 클러치그림 5-15에도 사용된다.

내식강(스테인리스강) 크롬을 다량으로 함유한 스테인리스강은 강한 내식성을 지니고 있다. 마르텐사이트계 스테인리스강, 오스테나이트계 스테인리스강(18-8 스테인리스강) 등이 있다. 방화벽, 엔진 부품, 안전선, 로터 블레이드의 스파 그림 6-9 (b) 등에 사용된다.

내열 합금 오스테나이트계 스테인리스강은 섭씨 600~700도의 고온에서도 상당한 강도를 유지한다. 이보다 높은 온도와 강도가 필요한 곳에 사용되는 초합금을 내열 합금이라고 부른다. 주로 가스터빈 엔진의 연소실이나 터빈에 사용된다.

복합 재료

복합 재료란?

복합 재료란 두 종류 이상의 재료를 조합해 단독일 때보다 우수한 성질 혹은 완전히 새로운 특색을 발휘하도록 만든 재료를 말한다. 친근한 예로는 인장력이 강한 철근과 압축력이 우수한 콘크리트를 조합한 철근 콘크리트도 복합 재료의 일종이라고 할 수 있다.

항공기에 사용하는 재료는 가벼워야 한다. 이 같은 조건에 부합하는 것이 유리 섬유와 수지를 겹쳐서 쌓은 고강도 플라스틱인 유리섬유강화플라스틱(FRP)이다. 유리섬유강화플라스틱이 사용되는 곳은 기내의 내장, 객실 격벽, 계기판, 덕트(에어컨 등의 공기를 보내는 관), 레이더의 돔, 안테나, 엔진 커버, 날개 끝단, 필렛(fillet) 등이다. 이 부재는 손상되더라도 비행 안전성에 영향을 끼치지 않는다. 그래서 2차 구조 부재라고 한다.

한편 주날개의 외판처럼 손상되면 비행 안전성에 중대한 영향을 끼치는 구조 부재를 1차 구조 부재라고 한다. 최근 들어 탄소 섬유나 케블라 섬유 등 기존 유리섬유강화플라스틱보다 훨씬 강도가 높은 섬유 재료가 개발되면서 1차 구조 부재에 복합 재료를 사용하는 사례가 급속히 증가했다.

헬리콥터의 복합 재료

헬리콥터에 복합 재료를 처음 적용한 시기는 비교적 빠른 1950년대인데, 이 무렵에는 각 부분의 커버에 사용됐다. 초기에는 메인 로터에 목재가 사용됐다. 이것은 중심에 스틸 코어를 넣은 합판으로, 앞부분은 무거운 목재, 뒷부분은 가벼운 발사목재로 만들었다. 이후 금속제 그림 6-9 (a) (b) 가 사용됐고, 1970년대에 처음으로 양산 헬리콥터의 메인 로터(1차

구조 부재)에 복합 재료가 쓰였다. 그림 6-9 (c) (d)

그림 6-10은 헬리콥터에 광범위하게 사용되는 복합 재료를 보여준다. 기체 구조를 전부 복합 재료로 만든 헬리콥터의 시험 비행도 이미 실시됐다.

그림 6-10 헬리콥터에 사용된 복합 재료

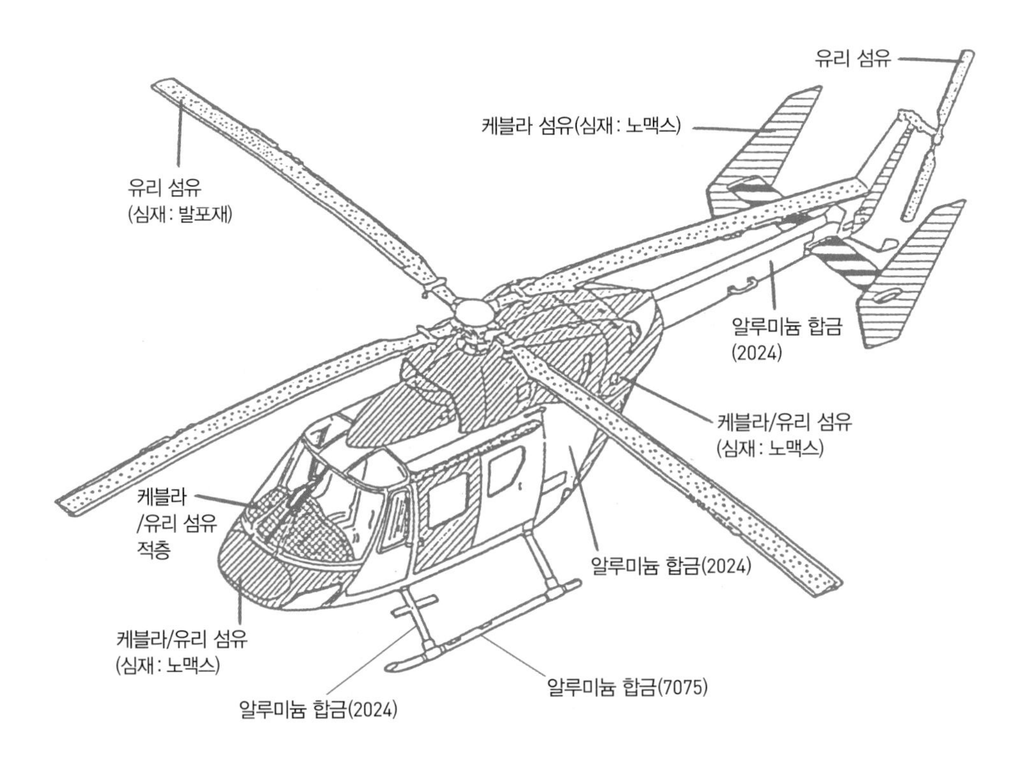

제7장
헬리콥터의 역사와 현재

헬리콥터의 역사

헬리콥터의 발명

르네상스의 거인 레오나르도 다빈치의 스케치그림 7-1에서도 발견할 수 있듯이, 회전 날개를 이용해 비행한다는 아이디어는 먼 옛날부터 있었다. 그러나 첫 헬리콥터 비행은 비행기(고정익기)에 비해 크게 늦었다.

1907년에 프랑스의 폴 코르뉴(1881~1944년)가 고도 1미터, 체공 시간 20초를 달성했다고 전해지지만 공식 기록은 없다. 헬리콥터의 실용화가 늦어진 이유는 지금까지 이야기했듯이 비행기에 비해 공기역학적으로 비행이 어렵

그림 7-1 레오나르도 다빈치의 헬리콥터

고 구조가 복잡하기 때문이다.

비행기는 1903년에 라이트 형제가 첫 비행에 성공한 뒤 비약적으로 진보해, 1930년대에 이미 최대 비행 속도가 시속 300킬로미터 전후에 이르렀다. 그런데 이렇게 속도가 빨라지자 이착륙 거리도 길어지는 문제점이 발생했다. 이 때문에 각국은 수직으로 이착륙할 수 있는 회전익기의 개발에 들어갔다.

헬리콥터의 실용화

최초로 실용화한 회전익기는 비행기에 로터를 장착한 오토자이로그림 7-2 다. 오토자이로의 로터는 헬리콥터처럼 엔진 구동으로 회전하는 것이 아니다. 기체는 일반 비행기처럼 프로펠러의 추진력으로 전진하며, 전진 속도 덕분에 로터가 자연스럽게 회전하면서(오토로테이션) 양력을 얻었다.

오토자이로의 개발과 관련해, 1923년 스페인의 후앙 드 라 시에르바(1895~

그림 7-2 비행기에 로터를 장착한 오토자이로

1923년에 스페인의 시에르바가 첫 비행에 성공한 기체

1936년)가 로터에서 일어나는 독특한 현상을 발견하고 이를 바탕으로 로터 구조를 개량했다. 이후에 스페인의 라울 파테라스 페스카라(1890~1966년)가 획기적인 로터의 피치 제어 기구를 발명했다. 또한 1935년에는 프랑스의 루이 브레게(1880~1955년)가 이러한 성과를 비탕으로 동축 반전식(후술) 헬리콥터를 개발했다.

이듬해인 1936년에는 독일의 헨리히 포케(1890~1979년)가 병렬 회전식 헬리콥터를 만들었다. 포케가 만든 Fa-61 그림 7-3 은 기수에 장비한 140마력의 피스톤 엔진으로 좌우 로터를 회전시켰다. 포케 Fa-61은 첫 비행에서 체공 시간 28초를 기록했지만, 그 후 개량을 거듭해 이듬해에는 체공 시간 1시간 20분, 고도 약 2,400미터, 속도 시속 약 122킬로미터라는 공식 기록을 냈다. 다만 이들 기체는 결국 널리 쓰이지 못했다.

헬리콥터가 본격적으로 쓰인 시기는 제2차 세계대전 말기부터 한국 전쟁에 걸친 시대다. 먼저 1939년에 시코르스키 VS-300 그림 7-4 의 비행 성공으로 헬리콥터 실용화의 길이 열렸고, 이후 시코르스키가 개발한 R-4 헬리콥터가

그림 7-3 포케 Fa-61

프로펠러는 엔진을 냉각하는 용도만 있고, 추력에는 기여하지 않는다.

그림 7-4 시코르스키 VS-300

출처 : 《그림으로 설명하는 비행기 대사전》

그림 7-5 벨47의 발전형

메인 로터 지름 11.32미터, 동체 길이 13.30미터, 전체 높이 2.84미터, 엔진 출력 260마력×1, 최대 이륙 중량 1,293킬로그램, 자중 777킬로그램, 최대 속도 시속 169킬로미터, 실용 상승 한도 6,218미터, 항속 거리 325킬로미터, 좌석 수 4(파일럿 1명 포함)

세계 최초의 양산 헬리콥터가 되었다. 또한 1946년에는 미국의 벨사가 벨47을 양산했다. 그림 7-5

제트 헬리콥터의 탄생

제2차 세계대전 이후, 비행기 세계에 가스터빈(제트) 엔진이 도입돼 비약적으로 발전했다. 이를 뒤쫓아 헬리콥터에도 가스터빈 엔진이 사용됐다. 이것을 제트 헬리콥터라고 부르기도 한다.

제트 헬리콥터의 첫 테이프를 끊은 기종은 프랑스의 알루에트 SE-3130이다. 그림 7-6 1955년에 각종 국제 기록(예를 들어 고도 약 1만 미터 기록)을 수립하는 동시에 '세계 최초의 실용 제트 헬리콥터'라는 영광을 차지했다.

헬리콥터용 터보샤프트 엔진을 실용화한 시기는 1957년이며, 이후 각국의 헬리콥터 제조사가 앞다퉈 가스터빈 헬리콥터를 세상에 내놓고 있다.

그림 7-6 알루에트 SE-3130

메인 로터 지름 10.2미터, 동체 길이 12.5미터, 엔진 출력 400축마력×1, 최대 이륙 중량 1,500킬로그램, 자중 850킬로그램, 최대 속도 시속 175킬로미터, 항속 거리 530킬로미터, 좌석 수 5

로터를 기준으로 한 분류

싱글 로터 가장 대중적인 헬리콥터는 싱글 로터 형식이다.그림 7-7 그 이름처럼 메인 로터를 1개 장비하고 있으며, 꼬리 부분에 테일 로터를 달아서 토크를 상쇄한다.

트윈 로터 메인 로터를 2개 장비한 헬리콥터다. 양쪽 로터를 서로 반대 방향으로 회전시켜서 토크를 상쇄한다. 이 때문에 테일 로터가 없다. 트윈 로

그림 7-7 싱글 로터 형식(벨206)

메인 로터 지름 10.16미터, 동체 길이 11.82미터, 동체 전폭 1.92미터, 전체 높이 2.91미터, 엔진 출력 317축 마력×1, 최대 이륙 중량 1,452킬로그램, 적재 중량 792킬로그램, 최대 속도 시속 225킬로미터, 실용 상승 한도 6,096미터, 항속 거리 554킬로미터, 좌석 수 5(파일럿 1명 포함)

터에는 탄뎀식, 사이드 바이 사이드식, 동축 반전식, 교차식 등이 있다.

탄뎀식 메인 로터가 기체의 앞뒤에 배치돼 있다. 그림 7-8 대형기에 이 유형이 많다.

사이드 바이 사이드식 로터가 병렬로 장비된 헬리콥터를 말한다. 지금으로부터 약 40년 전에 이 방식으로 만든 구소련의 Mi-12가 화제가 된 바 있다. 그림 7-9 최대 이륙 중량이 10만 5,000킬로그램에 이르는 이 기체는 3만 1,030킬로그램의 중량을 2,000미터 고도까지 들어 올리는 등 당시 헬리콥터와 관련한 세계 기록을 여럿 경신했다.

이 덕분에 당시에는 사이드 바이 사이드식이 대형 헬리콥터에 많이 쓰일 것으로 예상했다. 그러나 헬리콥터의 대형화가 진행된 현재, 이 방식을 쓴 헬

그림 7-8 탄뎀식 트윈 로터 방식의 헬리콥터

메인 로터 지름 15.24미터, 동체 길이 13.59미터, 동체 전폭 2.21미터, 전체 높이 5.13미터, 엔진 출력 1,400축마력×2, 최대 이륙 중량 8,618킬로그램, 적재 중량 4,029킬로그램, 최대 속도 시속 274킬로미터, 실용 상승 한도 4,267미터, 항속 거리 396킬로미터, 좌석 수 27(파일럿 2명 포함)

리콥터는 안타깝게도 찾아볼 수가 없다. 사이드 바이 사이드식은 한쪽 엔진에 문제가 발생했을 때 다른 쪽 엔진의 출력을 작동하지 않는 쪽의 로터에 전달해야 한다. 이 탓에 구조가 복잡해지고, 중량도 늘어나는 문제점이 있었다. 최근에는 엔진을 2, 3기 장비했더라도 메인 로터 축 하나만 돌린다. 이렇게 하면 설령 엔진 1기에 문제가 발생하더라도 해당 엔진을 분리하면 된다.

동축 반전식 메인 로터를 같은 축의 위아래에 장비한 헬리콥터다.그림 7-10 엔진 출력을 한 축에 집중하고 양쪽 로터를 서로 반대 방향으로 회전시켜서 토크를 상쇄한다. 따라서 테일 로터는 필요 없다.

교차식 사이드 바이 사이드식과 비슷한 트윈 로터로 교차식이 있다.그림 7-11

그림 7-9 사이드 바이 사이드식(구소련의 Mi-12)

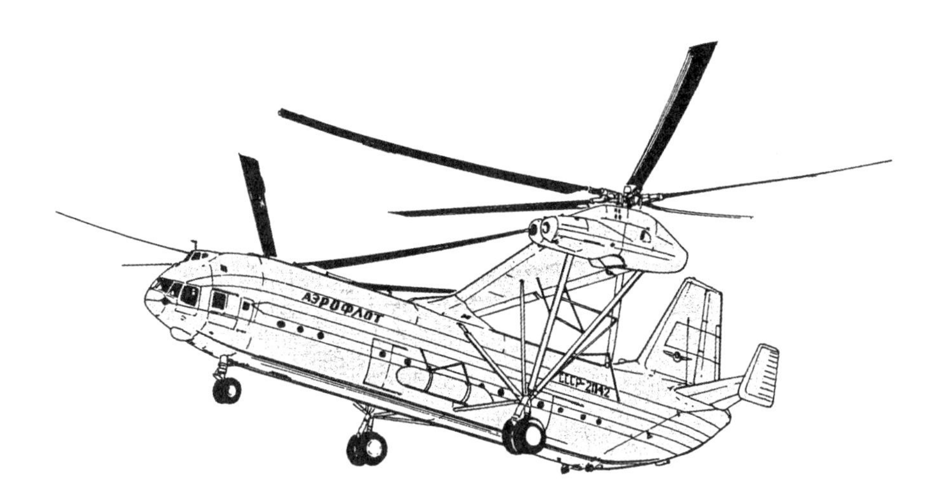

메인 로터 지름 35미터, 동체 길이 37미터, 전체 높이 12.5미터, 엔진 출력 6,500축마력×4, 최대 이륙 중량 10만 5,000킬로그램, 최대 속도 시속 260킬로미터, 실용 상승 한도 3,500미터, 항속 거리 500킬로미터

그림 7-10 동축 반전식 헬리콥터(카모프 Ka-26)

메인 로터 지름 13미터, 동체 길이 7.75미터, 동체 전폭 1.4미터, 전체 높이 4.05미터, 엔진 출력 325축마력 ×2, 최대 이륙 중량 3,250킬로그램, 적재 중량 915킬로그램, 최대 속도 시속 163킬로미터, 실용 상승 한도 3,300미터, 항속 거리 530킬로미터, 좌석 수 8

쌍방에 있는 로터가 서로 접근해 있어서 보통은 로터를 돌리면 충돌한다. 이를 방지하려고 싱크로(동조 장치)를 탑재한다. 그래서 이런 유형의 헬리콥터를 싱크롭터라고도 부른다. 동체 아래에 화물을 매달고 운반할 목적으로 설계·개발된 헬리콥터로, 파일럿 한 명만 탈 수 있는 단좌식이며 엔진도 1기만 장비했다. 지금까지 알아본 헬리콥터 가운데 현재 가장 대중적인 헬리콥터는 쌍발 터보샤프트 엔진을 탑재하고, 싱글 로터에 테일 로터를 장비한 기종이다.

그림 7-11 교차식(카만 K-1200)

메인 로터 지름 14.73미터, 동체 길이 15.85미터, 동체 전폭 1.42미터, 전체 높이 4.24미터, 엔진 출력 1,800축 마력×1, 최대 이륙 중량 5,216킬로그램, 적재 중량 3,038킬로그램, 최대 속도 시속 185킬로미터, 실용 상승 한도 7,925미터, 항속 거리 741킬로미터, 좌석 수 1

로터의 회전 방향을 기준으로 한 분류

메인 로터의 회전 방향은 기종에 따라 다르다. 일반화해서 말하면 미국제는 반시계 방향 회전, 유럽제는 시계 방향 회전이다.

메인 로터가 반시계 방향으로 회전하는 헬리콥터의 경우, 호버링 중에 양력을 얻기 위해 컬렉티브 피치를 올리면 기체에 로터의 회전 방향과 반대 방향으로 토크가 작용해 기체가 시계 방향으로 회전한다. 이를 방지하려면 그림 7-12 (a)와 같이 왼쪽 안티 토크 페달을 밟아준다.(왼쪽 페달을 전진시킨다.) 그러면 테일 로터의 추력이 그림에 표시된 방향으로 발생해 헬리콥터의 방향을 유지할 수 있다.

한편 메인 로터가 시계 방향으로 회전하는 헬리콥터는 기체가 반시계 방향으로 회전하므로 같은 상황에서 오른쪽 안티 토크 페달을 밟아줘야 한다.그림 7-12 (b) 그런 까닭에 그전까지 미국제 헬리콥터를 조종하던 조종사가 유럽제 헬리콥터를 조종하면 처음에는 당혹감을 느낀다고 한다.

그림 7-12 로터의 회전 방향과 조종 방법

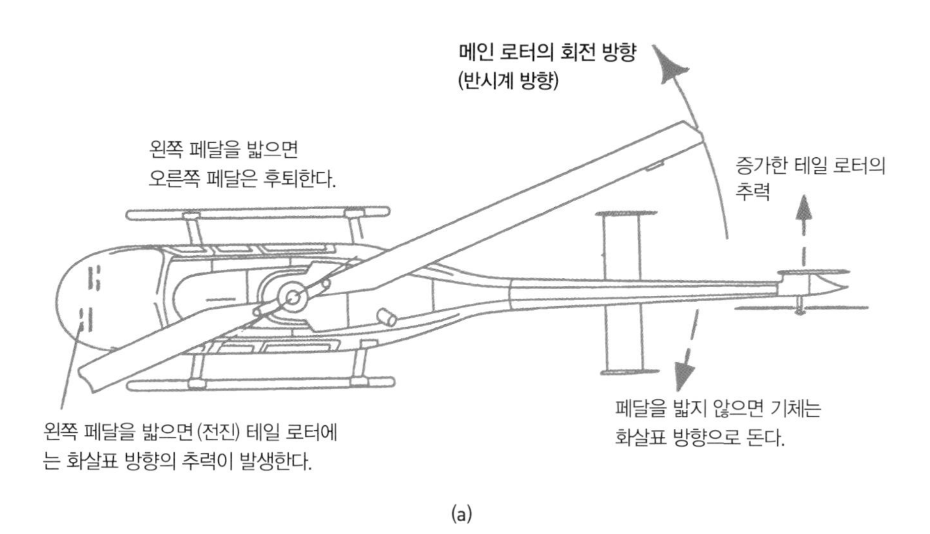

(a)

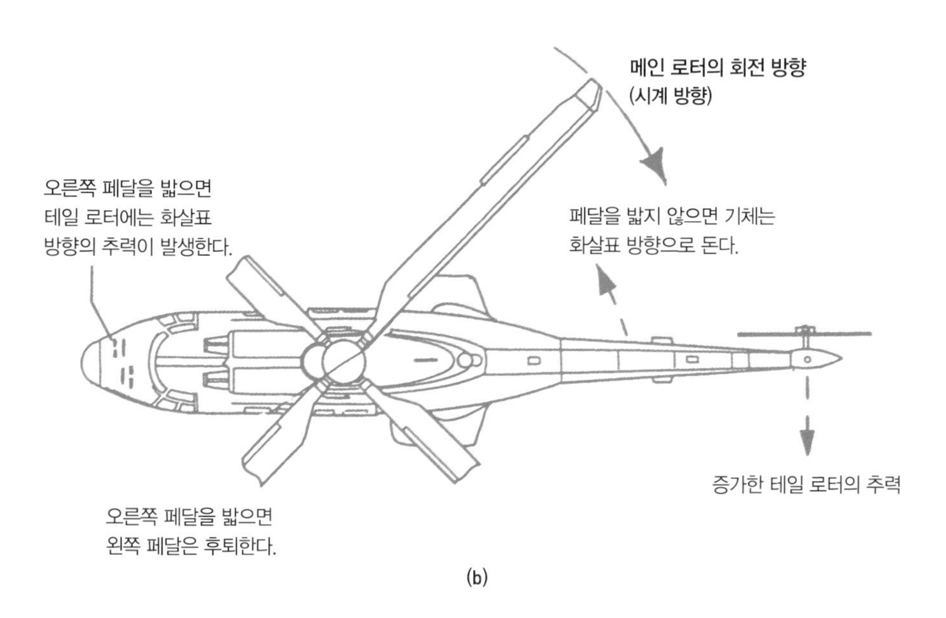

(b)

감항류별

항공기는 용도에 맞춰서 설계하고, 설계에 맞춰서 비행한다. 안전한 비행을 견뎌낼 수 있는 설계나 비행 기준을 정한 것을 감항류별이라고 한다. 자동차에 비유하면 대형 버스는 많은 승객을 안전하게 수송할 수 있도록 설계하고 제조해서 운전하면 된다. 스포츠카 수준의 속도나 급선회에도 견딜 수 있도록 설계할 필요는 없으며, 스포츠카와 같은 속도로 달리거나 급선회 조작을 해서도 안 된다.

항공기의 경우, 수송기를 곡기(曲技) 비행을 하는 기종이나 전투기처럼 튼튼하게 만들면 기체 중량이 무거워져 많은 승객이나 화물을 탑재할 수 없다. 그래서 그보다 덜 튼튼하게 만드는 대신 곡기 비행을 하지 못하도록 규정돼 있다. 헬리콥터의 감항류별은 표 7-1과 같다.

표 7-1 헬리콥터의 감항류별

감항류별	적요	기종
회전익 항공기 보통 N류	최대 이륙 중량 3,180킬로그램 이하의 헬리콥터	벨206 AS350
회전익 항공기 수송 TA급	항공 운송 사업의 용도에 적합한 다발 헬리콥터이면서 임계 엔진이 정지해도 안전하게 항행할 수 있는 것	가와사키 BK 117 AS332
회전익 항공기 수송 TB급	최대 이륙 중량 9,080킬로그램 이하의 헬리콥터이면서 항공 운송 사업의 용도에 적합한 것	후지 벨204B

보통 N류는 텔레비전 중계나 사진 촬영 등에 활용한다. 수송 TA급, 수송 TB급은 항공 운송 사업(승객이나 화물을 운반)에 사용하는 기종이다. 특히 TA급은 이착륙을 포함한 비행 중에 엔진 1기가 정지해도 그대로 안전하게 비행을 속행할 수 있거나 안전하게 착륙할 수 있는 능력이 요구된다. 그래서 엔진을 2기 이상 장비하고, 연료 계통과 전력 계통을 이중으로 갖추는 등 다른 감항류별에 비해 설계 기준이 매우 엄격하다.

헬리콥터의 용도

세계의 헬리콥터 현황 명확한 통계가 없는 구공산권을 제외하면 현재 세계의 민간 항공기 총수는 약 40만 기에 이른다.(2001년 기준) 항공기에는 고정 날개에서 양력을 얻는 고정익기와 회전 날개에서 양력을 얻는 회전익기가 있는데, 40만 기 중 약 95퍼센트가 비행기이고 헬리콥터는 5퍼센트에 불과하다.

세계 주요국(러시아, 중국은 제외)의 민간 항공기(비행기, 헬리콥터) 수를 살펴보면 표 7-2와 같다. 다만 정확한 수치는 매년 조금씩 변동하므로 마지막 자릿수는 버리고 어림수로 표시했다.

표를 보면 알 수 있듯이 1위는 단연 미국이다. 2위인 캐나다는 그보다 한 자릿수가 적으며, 3위는 프랑스다. 일본은 10위인데, 전체 기수가 미국의 약 100분의 1에 불과하다. 다만 헬리콥터의 보유 기수만을 살펴보면 일본은 미

표 7-2 세계의 민간 항공기 현황

	비행기	헬리콥터	합계
미국	246,000	11,000	257,000
캐나다	21,000	1,600	22,600
프랑스	9,000	900	9,900
오스트레일리아	8,500	700	9,200
일본	1,230	1,030	2,260

국과 캐나다에 이어 3위를 차지하고 있다. 또 항공기 전체에서 헬리콥터가 차지하는 비율을 살펴보면 다른 나라는 4~8퍼센트인 데 비해 일본은 45퍼센트라는 매우 이례적인 수치를 보인다.

이와 같이 일본의 헬리콥터 비율이 높은 것은 국토가 협소하고 산악 지역이 많아서 헬리콥터가 일본 지형에 적합하기 때문이라고 말하는 전문가도 있다. 실제로 일본에서는 순찰·구난, 약제 살포, 자재·화물 운송, 보도·취재 등 폭넓은 분야에서 헬리콥터를 활용하고 있다.

닥터 헬기 1990년대 후반부터 헬리콥터가 하늘을 나는 구급차 역할을 했다. 응급 의료 서비스(Emergency Medical Service)의 머리글자를 따서

그림 7-13 닥터 헬기의 내부

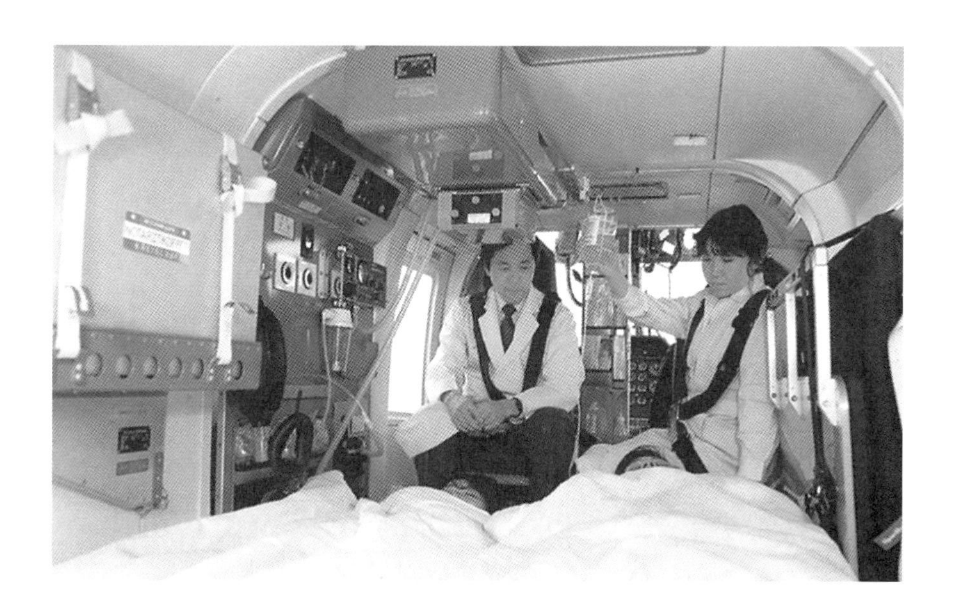

EMS라고도 부른다.

서양에서는 헬리콥터를 인명 구조나 의료에 적극적으로 사용한다. 특히 독일은 응급 의료 네트워크가 정착돼 있어서, 긴급 연락을 받으면 환자가 어느 지역에 있더라도 의사와 간호사를 태운 헬리콥터가 10~15분 안에 현지로 날아가 환자를 치료한다.

그전까지 민간 헬리콥터 회사나 소방·경찰 기관에 의지했던 일본도 1999년 10월부터 후생노동성이 오카야마현의 가와사키 의과대학과 가나가와현의 도카이 대학에서 닥터 헬기 시범 사업을 개시했다.그림 7-13 그때까지 단순히 급한 환자를 운송하기만 했던 것을 헬리콥터에 의사와 간호사가 탑승해 초진 진료·응급 처치·생명 유지 의료를 실시하면서 환자를 병원까지 급송하는 시스템으로 만든 것이다.

두 대학에서 반년 동안 시행한 결과 유용성이 증명됐다고 판단한 후생노동성은 2001년도에 전국 7개 지역의 사업 운영 예산을 계상해 본격적으로 운항을 실시했다. 닥터 헬기의 배치를 전국 30개 지역으로 확대할 계획이다.

여객 운송

미국과 캐나다의 항공 회사 중에는 정기 또는 부정기로 여객 헬리콥터를 운항하는 곳이 꽤 있다. 일본에서는 과거에 하네다와 나리타를 잇는 운항 노선이 있었는데, 채산이 맞지 않아 현재는 휴지 상태다. 섬과 섬을 연결하는 노선이나 벽지로 가는 노선도 채산성을 맞출 수 있는 상황이 아니다. 유일하게 이즈 제도에서 지방자치단체의 지원을 받으며 헬리콥터 여객 운송을 실시하고 있을 뿐이다.

일본에서도 회사 출장에 헬리콥터를 이용하는 예가 늘고 있다.(미국과 캐나다에서는 상당수 있다.) 사무실이 곳곳에 흩어져 있는 기업이라면 정기적으로 헬리콥터가 순회한다. 지방에 연구소나 공장이 분산된 기업은 각 사무소에서 가장 가까운 공항까지 헬리콥터로 직원들을 이동시켜서 시간을 효과적으로 활용하고 있다. 여기에 자가용 헬리콥터를 소유해 시간 단축을 꾀하는 개인도 늘어났다.

그런데 이런 헬리콥터 열풍을 방해하는 장애물이 있다. 첫째는 비행경로가 정기 여객기(비행기)에 우선권이 있는 까닭에 헬리콥터는 멀리 우회 비행을 할 수밖에 없어 시간 낭비가 크다는 점이다. 앞에서 소개한 하네다 나리타 노선의 운행이 중지된 이유 중 하나도 비행경로에 있었다.

둘째는 날씨다. 가령 구름이 낮게 깔려 시계가 일정 수준 이하가 되면 헬리콥터는 비행을 할 수 없다.(제트 여객기는 날씨가 다소 좋지 않아도 비행 가능) 현재는 헬리콥터 장비(예를 들면 자동 착륙 장치)가 충실해지고 지상 설비가 강화(GPS를 포함한 전파의 안정)되고 있어 날씨가 심하게 나쁘지 않는 한 헬리콥터의 정기 운항이 가능해졌지만, 안타깝게도 관계 부처에서는 여전히 허가를 내주지 않고 있다. 세 번째 걸림돌은 다음에 이야기할 헬리포트의 부족이다.

헬리포트

제1장에서 헬리콥터 조종법을 간략하게 설명했다. 그러나 헬리콥터가 있고 조종 면허를 갖고 있더라도 그것만으로는 하늘을 자유롭게 날아다닐 수 없다. 아무리 넓은 공터가 있더라도 헬리콥터가 이착륙하려면 사전 허가를 받아야 하기 때문이다. 대개 어느 나라든 관련 법률에서 항공기가 지정된 장소 외에서 이착륙하는 것을 금하고 있으며, 지정 이착륙장이 아닌 곳에서 이착륙하려면 관련 부서나 관청의 허가를 미리 받아야 한다.

헬리포트의 종류 비행장에는 육상 비행장(공항)과 육상 헬리포트, 수상 비행장, 수상 헬리포트의 네 종류가 있다. 대부분 헬리콥터는 육상 헬리포트에서, 나머지는 지방에 있는 육상 비행장에서 이착륙을 한다. 육상 헬리포트에는 공공용, 비공공용, 임시 헬리포트가 있다.

공공용 헬리포트 상설이며 불특정 다수의 헬리콥터가 이용할 수 있는 헬리포트. 일본의 경우 도쿄 헬리포트그림 7-14를 비롯해 전국에 20여 곳이 있다. 설치 관리자는 지방자치단체다.(한국 정부 기관과 지자체가 운영하는 헬기장은 약 16곳. 2018년 기준)

비공공용 헬리포트 상설이지만 특정(보통은 설치자 자신이 소유한다.) 헬리콥터만이 이용할 수 있는 헬리포트. 설치 관리자는 지방자치단체 외에 기업(전력 회사나 헬리콥터 항공 회사)도 있다. 비공공용 헬리포트는 일본 전역에 약

90곳이 있다.(한국에는 약 40곳. 2018년 기준)

임시 헬리포트 특정 헬리콥터가 특정 시간에만 이용할 수 있는 것이 임시 헬리포트다. 가령 약제 살포나 댐 건설을 실시할 경우, 그 근방에 공공 또는 비공공 헬리포트가 없다면 관련 기관의 장에게 허가를 받고 임시 헬리포트를 만들 수 있다.

그러나 신청한다고 해서 반드시 금방 허가를 받을 수 있는 것은 아니다. 가령 헬리콥터는 50제곱미터의 공터만 있으면 이착륙이 가능하지만, 그 정도 넓이의 공터가 있더라도 주위가 인구 밀집 지역이라면 허가가 나지 않는다. 또 설령 주위가 인구 밀집 지역이 아니라 해도 헬리콥터가 그 장소에 진입하

그림 7-14 헬리포트 전경

고 그곳에서 이륙하기 위해 필요한 '상공 공간'이 없으면 역시 허가가 나지 않는다.

헬리포트의 설치 기준

헬리포트는 공항처럼 긴 활주로나 광활한 토지가 필요 없으며, 수직 이착륙이 가능하니 상공 공간이 필요 없다고 생각하기 쉽다. 허나 사실은 그렇지 않다.

그림 7-15는 일본의 C급 헬리포트 설계 기준이다. 진입 표면이란 헬리콥터가 헬리포트에 진입 또는 이륙하는 공역을 가정한 것이다. 이것을 헬리포트

그림 7-15 C급 헬리포트의 설치 기준

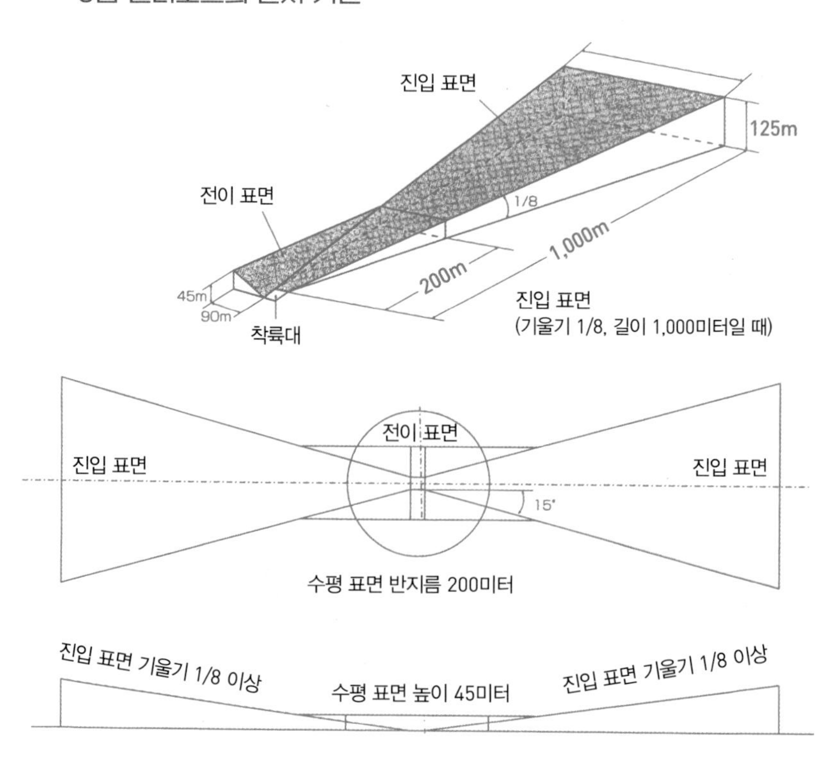

의 앞뒤에 1,000미터씩 직선으로 확보해야 한다.

진입 표면의 기울기는 1/8이다. 이것은 전방 또는 후방으로 1,000미터 앞에 125미터가 넘는 높이의 산이나 건설물이 있어서는 안 된다는 것을 의미한다.

수평 표면은 장주 경로(헬리포트의 주변에 설정한 진입 경로)의 안전을 확보하기 위한 제한 표면이다. 헬리포트 주변의 반지름 200미터 범위에 높이 45미터 이상의 건물이 있어서는 안 된다.

전이 표면은 헬리콥터가 진입 착륙할 때, 강렬한 옆바람으로 정규 진입 착륙이 불가능할(혹은 정규 진입 착륙에 실패했을) 경우 이탈의 안전을 확보하기 위한 공역이다. 당연한 말이지만 B급, A급 헬리포트나 공항은 이보다 규정이 더욱 엄격하다.

새로운 헬리포트 공간

현재 일본의 도시와 주변 지역에 헬리포트 설치 기준을 만족하는 곳은 매우 적다. 예를 들어 빌딩 옥상의 헬리포트는 현재 수십 곳에 설치돼 있는데, 소음·안전 대책과 관련해서 주변 주민의 합의가 필요하다. 그런 까닭에 설치를 했더라도 원활히 가동할 수 있다는 보장은 없다.

이 때문에 기대하고 있는 것이 교상(橋上) 헬리포트다. 넓은 다리 위의 중앙부에서 하천을 따라 이착륙하면 진입 표면을 확보할 수 있을 뿐만 아니라 소음이나 안전성 문제도 해결할 수 있다. 하천부의 바람은 하천을 따라서 부는 경우가 많다. 헬리콥터의 이륙·상승, 진입·착륙은 일반적으로 바람이 불어오는 쪽을 향해, 즉 강을 따라서 실시하므로 주변의 소음 문제나 안전 대책이라는 측면에서도 안성맞춤이다.

해상 헬리포트 사면이 바다에 둘러싸인 일본에서는 해상 헬리포트도 고려되고 있다. 지금까지 해상 헬리포트를 만들자고 하면 매립 방식이 상식이었다. 그러나 이 방식은 지반 침하, 해류·조류를 방해해서 생긴 환경 파괴, 매립 비용 등 여러 문제점 때문에 암초에 걸린 감이 있다.

그래서 최근 들어 '메가 플로트'라는 것이 각광받고 있다. 메가 플로트는 그리스어로 거대하다는 의미의 메가와 영어로 부체(浮體)라는 의미의 플로트를 조합한 조어로, 바다에 뜨는 거대한 부체 구조물이다.그림 7-16 이미 중소형 비행기의 이착륙 실험을 통해 전파 장애 등이 없는지 조사해봤는데, 관계자는 만족스러운 데이터를 얻었다고 한다. 실증 실험에서 만든 규모는 길이 1,000미터, 폭 60미터(일부 120미터)였지만, 본격적으로 도입된다면 그 규모는 길

그림 7-16 메가 플로트

사진 제공 : 일본조선센터

이 4,700미터, 폭 1,600미터의 넓이에 4,000미터 활주로 2개를 설치할 계획이다. 부체 구조물은 표류를 막기 위한 계류 장치, 방파제, 육상 접속 시설로 구성돼 있다.

바닷속에 말뚝을 박고 그 위에 활주로를 놓는 공법도 있는데, 이 경우 거대한 잔교 같은 건축물이 된다. 활주로 밑의 공간으로 소형 선박의 항해가 가능하며, 해류·조류를 방해해 환경을 파괴할 우려도 적다고 한다. 이 공법도 메가 플로트와 함께 크게 주목받고 있다.

다만 아무리 헬리포트를 많이 설치하더라도 이들을 연결하는 체계적인 헬리포트 네트워크를 구축하지 않는다면 헬리콥터의 유용성을 충분히 발휘할 수 없다. 헬리포트 네트워크가 확립된다면 장래에 교통 체계는 헬리콥터 없이는 이야기할 수 없게 될 것이다. 현재 각 방면에서 헬리콥터의 이용을 촉진하기 위한 조사가 계획·실시되고 있다.

찾아보기

A~Z/숫자

AA규격 163
BERP 55
C급 헬리포트 192
EMS 188
eshp 130
FRP 169
N_1 110, 148
N_2 110, 148
NACA 계열 날개골 52
NOTAR 80
NR계 148
shp 130
translational lift 20
1차 공기 136, 137
1차 구조 부재 169
2차 공기 136, 137
2차 구조 부재 169

가

가로 방향 흔들림 61
가스 프로듀서 터빈 131, 132
가스압식 119
가스터빈 엔진 128~130, 133, 140, 145, 168
감항류별 184
강철 163, 167
경계층 44, 45, 47
경계층 박리 47, 48, 56
경질 나프타 145
고도계 12, 104~106
고장력강 167
고정 날개 64, 65, 186
고정 스타 98, 99
공공용 헬리포트 190
공기역학적 비틀어내림 56
공랭 터빈 블레이드 140
공연비 136
공합 104~106
공합 계기 103, 104
교류 발전기 122
교상 헬리포트 193
교차식 178, 179, 181
급각도 진입 28, 29
기압 고도계 105
기하학적 비틀어내림 56
깃 끝 회전면 113. 115

나

난류 경계층 46~48

난방 116, 117

날개골 36, 37, 39, 40, 42, 44, 48, 50~54, 56, 65, 66, 78

내식강 166, 167

내열 합금 140, 141, 168

내추락 146

냉방 118

노타 80, 81

능동 방진 장치 113, 114

니켈기 내열 합금 140

다

다운워시 25, 31

닥터 헬기 187, 188

대류 냉각 140, 141

대칭익 53

댐퍼 68, 69, 74, 92, 93

데드맨즈 커브 33, 34

동적 안정·중립·불안정 58, 59

동압 38, 39, 103

동익 79, 80, 133

동축 반전식 174, 178~180

두랄루민 164

드래그 힌지 67~70, 73, 84, 85, 90, 91, 93

드래그각 84, 85

드래깅 67~70, 72, 85, 91~93

드리프트 23, 24

등유 128, 145

디스인게이지 레버 12, 14

라

라울 파테라스 페스카라 174

라이트 형제 4, 5, 51, 173

랜딩라이트 124

레오나르도 다빈치 4, 172

레이디얼 137

로터 64~78, 98~102, 110, 177, 182

로터 브레이크 14, 15, 143, 144

로터 브레이크 레버 14, 15, 144

로터 블레이드 17, 22, 28, 33, 41, 42, 47, 53, 55, 61, 65, 71, 78, 86, 87, 91, 98~100, 133, 166, 167

로터 축 53, 68, 83, 92, 99, 114, 159, 167, 179

롤링 60, 61

루이 브레게 174

리드 래그 운동 67

마

마그네슘 합금 165, 166

마그네틱 브레이크 102

마그네틱 픽업 110

마찰 저항 44

메가 플로트 194
메인 로터 15, 17~20, 22~28, 31~33, 36, 42, 52, 53, 61, 62, 64~67, 73, 75~81, 83, 84, 86, 87, 89~92, 96~101, 104, 110, 111, 113, 114, 130, 132, 142, 143, 148, 151, 167, 169, 175~183
모노코크 구조 156, 159
무관절형 로터 70~72, 74, 84, 85, 92
무베어링형 로터 73

바

바이메탈 119
바퀴식 162
반관절형 로터 69
반류 43, 44, 47, 48
받음각 17, 18, 28, 33, 39, 40~43, 47~49, 51, 53, 56, 57, 68, 71, 78, 87~90, 96, 98~101
베르누이의 정리 37~39
베어링 72~74, 98, 99, 120, 132, 149, 152, 153
베이퍼 사이클 방식 118
벨사 17, 18, 176
병렬 회전식 174
보기 131, 142
보통 N류 184, 185
복합 재료 56, 70~74, 156, 159, 165, 169, 170
브루동관 111, 112
블래더 탱크 145, 146
블리드 에어 116~118
비공공용 헬리포트 190

사

사이드 바이 사이드식 178, 179
사이클릭 페더링 88
사이클릭 피치 스틱 16~21, 23~25, 27, 28, 32, 33, 96~99
상공 공간 192
상당 축출력 130
서모커플 111
서미스터식 119
서치라이트 124
서킷 브레이커 12, 15
선회 23, 24, 26, 34, 106, 107, 109, 136
선회 경사계 107, 109
세로 방향 흔들림 61
세미모노코크 구조 156, 159
센터 콘솔 12, 14, 153
소화 장치 119, 121
속도계 12, 104
수동 방진 장치 113
수송(TA · TB)급 184, 185
수평 표면 192, 193
수평의 12, 106~108
순추력 130

스와시 플레이트 71, 89, 96~101. 150
스키 160, 162
스키드 33, 76, 109, 159, 160~162, 165
스타터/발전기 122, 123, 131, 132
스테이터 131, 133, 134, 137, 138
스테이터 베인 79, 80
스테인리스강 163, 166~168
스트로보스코프법 114, 115
스트링거 156, 157, 163, 164
승강계 12, 104, 106
시소형 69, 77, 92
시위선 39, 40, 49, 50, 65
시코르스키 53, 174, 175
실속 39, 41, 42, 48, 49, 56, 57
싱글 로터 23, 177, 180
싱크롭터 180

아

아웃 오브 트랙 113~115
안티 토크 페달 17, 78, 101, 182
알루미늄 156, 159, 161, 163~166, 170
압력 보급식 147
압력 분포 49, 53, 57
압력 중심 49, 50
압축기 116, 129, 130~137, 148, 149, 153
애뉼러형 연소실 137
앵글재 164
양항비 51
어넌시에이터 12, 14, 148, 152, 153
어태치먼트 링 161, 162
언더 슬링 방식 92
에어 사이클 방식 118
엔진 계기 110
엔진 토크계 22, 110, 148
엔진/로터 회전계 110
엘라스토메릭 댐퍼 74, 92, 93
엘라스토메릭 베어링 74, 92
역류형 연소실 131, 135, 136
연료 145~148
연료 압력계 112
연료 차단 레버 15
연료 탱크 145~148, 163, 164
연료 펌프 132, 142, 146, 147
연료량계 110, 147, 148
연소실 129~131, 133~138, 140, 168
연속의 법칙 36~38
열기전력 111
열전대식 온도계 111
옆미끄럼 109
오버헤드 패널 12, 14, 15, 125
오토로테이션 31~34, 84, 143, 173
오토자이로 173
외판 156, 157, 159, 164, 166, 169
요잉 60, 61, 100
원심형 압축기 131, 132, 134, 136, 137
유선형 43, 44
유압식 댐퍼 92

윤활유 73, 74, 128, 132, 149, 151, 153
윤활유 압력계 112, 148
윤활유 펌프 132, 149~152
응력 71, 140, 162~165
이너 슬리브 70, 72
이륙 회전수 22
인 트랙 113, 115
일체형 탱크 145
임시 헬리포트 190, 191
임펠러 134

자

자기 나침반 106
자기 부표 147
자석식 금속 조각 검출기 152, 153
자이로스코프 88, 89, 103, 106~109
장주 경로 193
저연료량 경고등 147, 148
저항 33, 42, 43~45, 51, 162
전관절형 로터 67~70, 77, 84, 91
전단 탄성 변형 74
전이 양력 20, 21, 28, 30
전이 표면 192, 193
전진익 86~90
정압 22, 38, 39, 42, 103, 104, 106
정익 79, 80, 133
정적 불안정 58
정침의 12, 106~108
제트 연료 145
제트 헬리콥터 176
제트 A-1/B 145
조명 장치 124, 125
중력 보급식 147
중립 안정 58~60
중질 나프타 145
지면 효과 26, 27
지면 효과 내(외) 호버링 27
직류형 연소실 135
직사각형 블레이드 55
진공 용융강 167
진입 표면 192, 193
집합 계기 12

차

착륙 장치 76, 122, 142, 159~163, 165, 166
천이(점) 46
최대 성능 이륙 18, 21
축류형 압축기 131~134, 137
축류형 터빈 137, 138
축출력 130
충돌 방지등 124, 125
층류 경계층 45, 46, 48
층류 저층 47

카

캔 애뉼러형 연소실 137
캔형 연소실 137
캠버 49, 50, 52, 53
컨트롤 스탠드 12
컬렉티브 피치 레버 15~22, 25, 26, 28~30, 32, 33, 97~100
케블라 섬유 169, 170
코닝(각) 33, 83, 84, 90, 91
코리올리 힘 90~92
코안다 효과 82
콘 플랜지 159
크로스 튜브 160~162, 165
크리스마스트리형 138, 139
크리프 현상 140

타

탄뎀식 178
탄소 섬유 169
탄소강 167
터보샤프트 엔진 129~132, 134, 138, 152, 153, 176, 180
터보팬 엔진 111, 128, 129, 134, 135
터보프롭 엔진 128~130, 134, 135
터빈 12, 22, 110, 129~133, 135~138, 140, 142, 149, 153
터빈 블레이드 139~141
터빈 온도계 12, 22, 110, 111, 148
테일 로터 24, 32, 33, 61, 66, 67, 73, 75~78, 80, 83, 96, 100~102, 110, 113, 130, 132, 142, 143, 150, 159, 161, 177, 179, 180, 182, 183
테일 스키드 76, 159, 161
테일 유닛 159
텐션 토션 스트랩 71, 72
토크 19, 26, 28, 75, 109, 110, 177, 179, 182
통상 이륙 18
통상 진입 28~30
트랜스미션 32, 66, 67, 72, 100, 110, 113, 114, 130, 132, 142~144, 149~151, 156, 157, 159, 166, 167
트랜스미터 123, 147
트러스 구조 156, 158
트윈 로터 177~179
티타늄 합금 166

파

파워 레버 12
팬 블레이드 79, 80
페네스트론 79, 80
페달 17, 19, 20~26, 28~30, 32, 100, 183
페더링 68~71
페더링 힌지 67~71, 74
페일 세이프 149
폴 코르뉴 172

표면 저항 44
프레임 109, 156, 157, 162~164
프로텍터 166, 167
프로펠러 36, 67, 129, 130, 138, 173, 174
프리 터빈 110, 111, 120, 131, 132, 143
프리세션 88~90
프리휠 클러치 142~144, 167
플래핑 61, 68~70, 72, 74, 83, 86~88
플래핑 힌지 67~70, 73, 84
플레어 32
플로트 147, 160, 162, 194, 195
피스톤 엔진 22, 128, 145, 149, 167
피칭 60, 61
피토관 103~105
필름 냉각 140, 141

하

하드 랜딩 28
합금강 167
항공등 124, 125
항공법 124
해상 헬리포트 194
허브 64, 65, 68, 70, 72~74, 77, 78, 90, 91, 99, 159
헨리히 포케 174
헬리포트 21, 28~30, 189, 190, 192, 193, 195
형상 저항 44
호버링 19~21, 23, 25~30, 34, 61, 62, 82, 83, 86, 88, 89, 151, 182
화재 감지 장치 119, 120
활주 이륙 18~21
활주 착륙 28, 30
회전 날개 55, 64, 130, 172, 186
회전 스타 96, 99
회전 흔들림 61
후앙 드 라 시에르바 173
후퇴익 86~90
휘발유 128, 145
흡기 압력 22
흡입 필터 149, 151

옮긴이 김정환

건국대학교 토목공학과를 졸업하고 일본외국어전문학교 일한통번역과를 수료했다. 21세기가 시작되던 해에 우연히 서점에서 발견한 책 한 권에 흥미를 느끼고 번역의 세계에 발을 들여, 현재 번역 에이전시 엔터스코리아 출판기획 및 일본어 전문 번역가로 활동하고 있다.
경력이 쌓일수록 번역의 오묘함과 어려움을 느끼면서 항상 다음 책에서는 더 나은 번역, 자신에게 부끄럽지 않은 번역을 할 수 있도록 노력 중이다. 공대 출신의 번역가로서 공대의 특징인 논리성을 살리면서 번역에 필요한 문과의 감성을 접목하는 것이 목표다. 야구를 좋아해 한때 imbcsports.com에서 일본 야구 칼럼을 연재하기도 했다.
주요 역서로 《자동차 정비 교과서》《자동차 구조 교과서》《자동차 첨단기술 교과서》《자동차 에코기술 교과서》《비행기 조종 교과서》《산속생활 교과서》《농촌 생활 교과서》《로드바이크 진화론》 등이 있다.

헬리콥터 조종 교과서
카모프 · 벨 · 로빈슨 · 수리온 마니아가 알아야 할 헬기의 구조와 조종 메커니즘 해설

1판 1쇄 펴낸 날 2019년 11월 5일

지은이 | 스즈키 히데오
옮긴이 | 김정환
주　간 | 안정희
편　집 | 윤대호, 김리라, 채선희, 이승미, 윤성하
디자인 | 김수혜, 이가영
마케팅 | 함정윤, 김희진

펴낸이 | 박윤태
펴낸곳 | 보누스
등　록 | 2001년 8월 17일 제313-2002-179호
주　소 | 서울시 마포구 동교로12안길 31
전　화 | 02-333-3114
팩　스 | 02-3143-3254
E-mail | bonus@bonusbook.co.kr

ISBN 978-89-6494-411-0 03550

• 책값은 뒤표지에 있습니다.
• 이 도서의 국립중앙도서관 출판예정도서목록(CIP)은 서지정보유통지원시스템 홈페이지(http://seoji.nl.go.kr)와 국가자료공동목록시스템(http://www.nl.go.kr/kolisnet)에서 이용하실 수 있습니다.(CIP제어번호: CIP2019040843)